写给孩子的编程书

玩转 SCRATCH **1**

认识指令朋友

李雁翎 匡 松 / 主编

王 伟 尚建新 / 编著

获取名师视频课

获取本书配套素材包

方法 1 方法 2

扫一扫
即可收看

扫码关注公众号
回复"bcs1"

扫码加小助手微信
直接索取

国家开放大学出版社出版 国开童媒（北京）文化传播有限公司出品

北 京

陈国良院士序

在中国改革开放初期，人们渴望掌握计算机技术的时候，是邓小平最早提出："计算机的普及要从娃娃做起。"几十年过去了，我们把这句高瞻远瞩的话落实到了孩子们身上，他们的与时俱进，有目共睹。

时至今日，我们不但进入了信息社会，而且正在迈入一个高水平的信息社会。AI（人工智能）以及能满足智能制造、自动驾驶、智慧城市、智慧家居、智慧学习等高质量生活方式的5G（第五代移动通信技术），正在向大家走来。在我看来，这个新时代，也正是从娃娃们开始就要学习和掌握计算机技术的时代，是我们将邓小平的科学预言继续付诸行动并加以实现的时代。

我们的后代，一定会在高科技环境中成长。因此，一定要从少儿时期抓起，从中小学教育抓起，让孩子们接受良好的、基本的计算思维训练和基本的程序设计训练，以培养他们适应未来生活的综合能力。

让少年儿童更早接触"编写程序"，通过程序设计的学习，建立起计算思维习惯和信息化生存能力，将对他们的人生产生深远意义。

2017年7月，国务院印发的《新一代人工智能发展规划》提出"鼓励社会力量参与寓教于乐的编程教学软件、游戏的开发和推广"。2018年1月，教育部"新课标"改革，正式将人工智能、物联网、大数据处理等列为"新课标"。

为助力更多的孩子实现编程梦，推动编程教育，李雁翎、匡松两位教授联合多位青年博士编写了这套《写给孩子的编程书》。这套书立意新颖、结构清晰，具有适合少儿编程训练的特色。"讲故事学编程、去观察学编程、解问题学编程"，针对性强、寓教于乐，是孩子们进入"编程世界"的好向导。

我愿意把这套《写给孩子的编程书》推荐给大家。

陈国良

2019 年 12 月

主编的开篇语

小朋友，打开书，让我们一起学"编程"吧！编程世界是一个你自己与计算机独立交互的"时空"。在这里，用智慧让计算机听你的"指挥"，去做你想让它做的"事情"吧！

在日常的学习和工作中，我们可少不了计算机的陪伴：你一定感受过"数字化校园"、VR课堂带来的精彩和奇妙；你的爸爸妈妈也一定享受过智能办公软件带来的快捷与便利；科学家们在航天工程、探月工程和深海潜水工程的科学研究中，都是在计算机的支持下才有了一个又一个的发现和突破……我们的衣食住行也到处都有计算机的身影："微信"可以传递消息；出行时可以用"滴滴"打车；购物时会用到"淘宝"；小聚或吃大餐都会看看"大众点评"……计算机是我们的"朋友"，计算机科学是我们身边的科学。

计算机能做这么多大大小小的事情，都是由"程序"控制并自动完成的。打开这套书，我们将带你走进"计算机世界"，一起学习"编写程序"，学会与计算机"对话"，掌握计算机解决问题的基本技能。

学编程，就是学习编写程序。"程序"是什么？

简单地说，程序就是人们为了让计算机完成某种任务，而预先安排的计算步骤。无论让计算机做什么，或简单、或复杂，都要通过程序来控制计算机去执行任务。程序是一串指示计算机操作的命令（"指令"的集合）。用专业点儿的话说，程序是"数据结构＋算法"。编写程序就是编写"计算步骤"，或者说编写"指令代码"，或者说编写"算法"。

听起来很复杂，对吗？千万不要被吓到。编程就是你当"指挥"，让计算机帮你解决问题。要解决的问题简单，要编写的程序就不难；要解决的问题复杂，我们就把复杂问题拆解为简单问题，学会化繁为简的思路和方法。

我们这套书立意"讲故事—去观察—解问题"，从易到难，带领大家一步步学习。先掌握基本的编程方法和逻辑，再好好发挥自己的创造力，你一定也能成为编程达人！

举个例子：找最大数

问题一：已知2个数，找最大。

程序如下：

(1) 输入2个已知数据。

(2) 两个数比大小，取大数。

(3) 输出最大数。

问题二：已知 5 个数，找最大。

程序如下：

(1) 输入 5 个已知数据。

(2) 先前两个数比大小，取较大数；较大数再与第三个数比大小，取较大数……以此类推，每次较大数与剩余的数比大小，取较大数。这个比大小的动作重复 4 次，便可找到最大数。

(3) 输出最大数。

问题三：已知 N 个数，找最大。

程序如下：

(1) 输入 N 个已知数据。

(2) 先前两个数比大小，取较大数；较大数再与第三个数比大小，取较大数……以此类推，每次较大数与剩余的数比大小，取较大数。这个比大小的动作重复 N-1 次，便可找到最大数。

(3) 输出最大数。

上述例子中我们可以看出，面对人工难以处理的大量数据时，只要给计算机编写程序，确定算法，计算机就可以进行计算，快速得出答案了。

如果深入学习，同一个问题我们还可以用不同的"算法"求解（上面介绍的是遍历法，还有冒泡法、二分法等）。"算法"是编程者的思想，也会让小朋友在问题求解过程中了解"推理—演绎，聚类—规划"的方法。这就是"计算机"的魅力所在。

本系列图书是一套有独特创意的趣味编程教程。作者从大家熟悉的故事开始（讲故事，学编程），将故事情景在计算机中呈现，这是"从具象到抽象"的过程；再从观察客观现象出发（去观察，学编程），从客观现象中发现问题，并用计算机语言描述出来，这是"从抽象到具象再抽象"的过程；最后提出常见数学问题和典型的算法问题（解问题，学编程），在计算机中求解，这是"从抽象到抽象"的过程。通过这套书的渐进式学习，可以让小朋友走进人机对话的"世界"，从而培养和训练小朋友的"计算思维"。

本册以大家熟悉的"小蝌蚪找妈妈"的故事为主线，通过"故事共情—任务抽象—逻辑分析—分解创作—概括迁移"的思维引导，带领大家用编程呈现小蝌蚪找妈妈的十大情景。让小朋友在完成任务的过程中掌握计算思维，在编程中体验计算机的奇妙世界。

小朋友们，你们从这里起步，未来属于你们！

2019 年 12 月

目　录

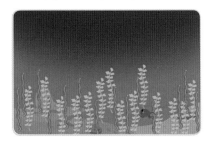
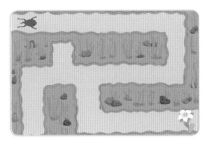

1

小蝌蚪学游泳

解锁新技能

🔓 获取编程资源

🔓 布置舞台背景

🔓 邀请角色

🔓 设定角色的不同造型

🔓 用积木为角色赋予动作

初夏的池塘，一只蝌蚪破卵而出！它的名字叫"科哇"。

科哇第一次睁开眼睛，发现眼前是一个奇妙的世界。这里有清澈的水和娇艳的花，还有很多可爱的动物朋友……科哇满心好奇，准备探索这个全新的世界。不过，它首先得学会游泳才行！

"我应该怎么做，才能游动起来呢？"正当科哇感到迷茫的时候，它的脑海中突然响起了一个温柔的声音："身体平稳水中趴，摆动尾巴把水划。水把身体向前推，蝌蚪也能逐浪飞。"

咦？这是谁的声音呢？不管那是谁的声音，科哇都决定按照听到的去试一试。

"一二三，摆尾巴！"啊哈！身体果然向前游动了！科哇激动地说，"我学会游泳啦！"

那么，我们能不能通过编程的方式，让电脑中的科哇也学会游泳呢？

领取任务

小朋友们，Scratch 是一门可以与电脑对话的魔法语言。现在，我们就借助 Scratch，让小蝌蚪科哇学会摆动尾巴，在池塘中游动起来吧！

首先，我们要布置一个美丽的池塘，作为故事上演的"舞台"。

然后，我们邀请故事的"主角"——科哇，闪亮登场。

最后，我们要运用不同的指令，让小蝌蚪的尾巴摆起来。

现在就让我们一起动手，帮科哇学会游泳吧！

一步一步学编程

1 做好准备工作

获得编程环境

为了借助 Scratch 施展魔法，要先让它"住"进我们的电脑。有两种方法可以邀请到它。

【方法 1】

使用网页版。在浏览器输入网址 https://scratch.mit.edu/projects/editor/，进入网页后可直接编程。

【方法 2】

安装客户端。在网页 https://scratch.mit.edu/download 下载 Scratch 电脑客户端，安装在自己的电脑中。

更详细的 Scratch 安装方法可以参照附录 1，同时附录 2 还为你准备了 Scratch 的详细介绍哟。

资源下载

这个游戏需要的素材包括美丽的池塘和可爱的小蝌蚪，这些图片都在本书附带的下载资源"案例 1"文件夹中。

其中，"1-1 案例素材"文件夹存放的是池塘图片和蝌蚪的不同造型；"1-1 拓展素材"文件夹存放的是"挑战新任务"的参考资料；"1-1 小蝌蚪学游泳 .sb3"是工程文件。

我们每次编写程序，都要认真做总结，把学习到的"编程秘诀"收集起来。等完成这本书所有编程任务的时候，你就是一个编程达人啦！

在这一步中，我们收集到了第一个"编程秘诀"——获取编程资源。

【编程秘诀 1】获取编程资源

为了创造棒棒的作品，我们需要提前准备好背景、角色等编程资源。Scratch 自带了很多图片供小朋友们灵活使用，在"挑战新任务"中会给大家介绍如何获取这些系统默认资源。

可是为了编写出更有趣、更生动的程序作品，系统默认资源可能无法满足我们的需求，这时候就可以自己绘制或者搜集相关编程资源了。

大家可以在学习之前先下载好配套的素材包，获取本册所有编程资源。

新建项目

Scratch 可以创造很多游戏和故事。现在，我们要为"小蝌蚪学游泳"的故事单独开辟一个"空间"。

如果 Scratch 编辑器刚被启动，它已经为你默认分配了空间，那么我们可以忽略这一步。但如果你刚刚用 Scratch 编写了其他程序，就需要进行这样的操作：点击 Scratch 编辑器中的"文件"菜单，选择"新作品"命令。

删除默认角色

我们发现在屏幕右侧的舞台区有一位不速之客——小猫咪。这是 Scratch 的默认角色，我们要把它删除掉。

在角色区选中"角色 1"小猫咪，点击右上角的 🗑 按钮。

现在，全部的准备工作都已经完成啦！让我们开始编写属于自己的程序吧！

② 添加背景与角色

我们来布置背景、添加角色。故事发生在美丽的池塘，主角是一只脑袋大大、尾巴长长的蝌蚪。

添加舞台背景

Scratch 的默认背景是空白的，我们可以通过添加背景图片，把这里变成一片池塘。

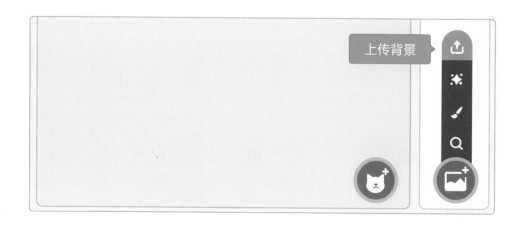
上传背景

△ 　在 Scratch 界面右下方找到背景区，鼠标指向"选择一个背景"图标。不要着急点击，接着会自动弹出包含四个按钮的菜单。鼠标上移，点击"上传背景"按钮。

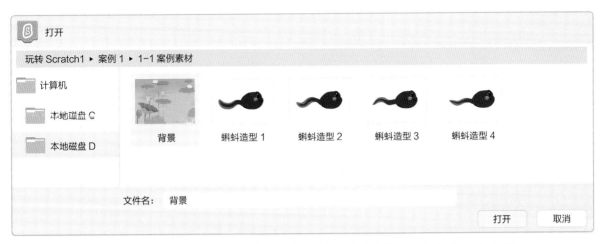

打开 "1-1 案例素材" 文件夹，选择 "背景" 图片，点击 "打开" 按钮，打开背景图片。

看，池塘背景布置好啦！

但是，点击左侧的"背景"选项卡会发现，在界面的左侧出现了两个背景："背景1"和"背景"。我们把第一个默认的空白背景去掉。

选中"背景1"，点击右上角的 按钮，就删除了。

在这一步中，我们收集到了第二个"编程秘诀"——舞台背景。

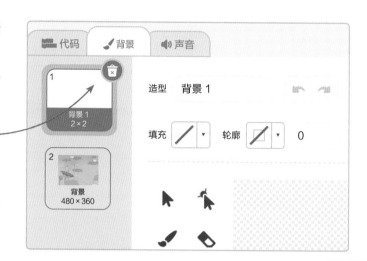

【编程秘诀2】舞台背景

舞台是角色产生动作、发生故事的场所。舞台背景是将舞台布置成特定场景的静态图片。本次学习中，我们通过添加一张池塘图片将舞台布置成了美丽的池塘。

添加角色

池塘布置好了，现在，有请我们的主角——科哇登场吧！

在Scratch界面右下方找到角色区，鼠标指向"选择一个角色"图标。不要着急点击，接着会自动弹出包含四个按钮的菜单。鼠标上移，点击"上传角色"按钮。

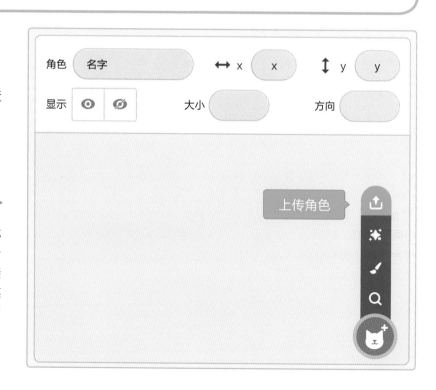

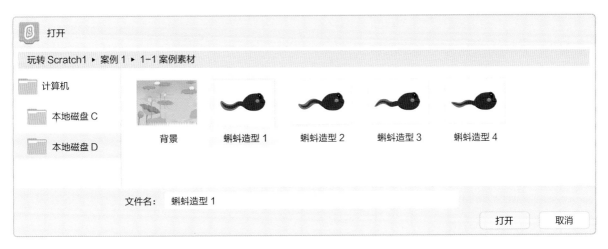

△ 打开"1-1案例素材"文件夹，选择"蝌蚪造型 1"并点击"打开"按钮，添加为角色。

▷ 在角色区，选中小蝌蚪，把它的名字"蝌蚪造型 1"修改为"蝌蚪"，大小调整为 15。然后，在舞台区把小蝌蚪拖到合适的位置。看，我们的主角登场啦！

在这一步中，我们收集到了第三个"编程秘诀"——角色。

【编程秘诀 3】角色

角色是舞台上所呈现的内容，它既可以是人物、动物，也可以是其他东西，比如道具和装饰物。

在这个故事中，角色就是这只脑袋大大、尾巴长长的蝌蚪——科哇。我们是通过上传图片的方式添加角色的。

小蝌蚪在游泳的时候，尾巴会摆到不同的位置。所以，我们要为它添加不同的"造型"，也就是尾巴摆动到不同位置的图片。

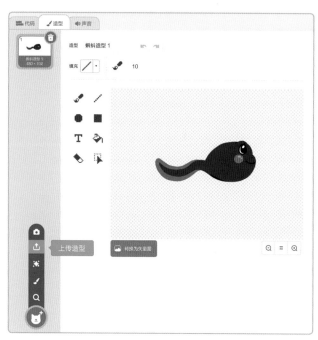

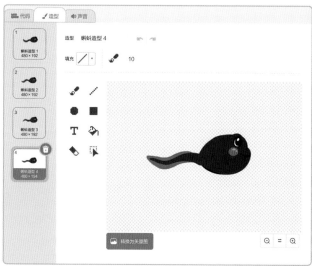

△ 点击左上方的"造型"选项卡，然后鼠标移至左下方"选择一个造型"图标。不要着急点击，接着会自动弹出包含四个按钮的菜单。鼠标上移，点击"上传造型"按钮。

△ 打开"1-1 案例素材"文件夹，找到图片"蝌蚪造型 2"并点击"打开"按钮，为小蝌蚪添加新造型。重复操作上述步骤，直到将"蝌蚪造型 3""蝌蚪造型 4"都添加好。

在这一步中，我们收集到了第四个"编程秘诀"——角色造型。

【编程秘诀4】角色造型

造型是角色的不同外观。角色既可以具有一种造型，也可以具有多种造型。一种造型不能实现动态效果，只有多种造型进行切换，才能实现动态效果。

在本次学习中，一共添加了四幅图片，构成了科哇角色的四种造型。

3 设计与实现

主角小蝌蚪已经出现在池塘舞台背景上了，怎样让它学会游泳呢？这就需要一些逻辑思维啦！

【故事逻辑和情节分析】

⚙【情节1】小蝌蚪得到游泳的信号。

⚙【情节2】小蝌蚪开始摆动尾巴，呈现不同的泳姿。

【情节1】小蝌蚪得到游泳的信号。

点击小蝌蚪时，小蝌蚪得到了游泳的信号。这个过程，我们可以通过"事件"类指令来实现，也就是"通知"小蝌蚪："要开始摆尾巴了哟！"

▷

点选角色区的"蝌蚪"，点击屏幕左侧的"代码"选项卡，在"事件"类指令中，找到积木 当角色被点击，并把它拖到脚本区。这个积木可以让小蝌蚪知道：当自己被点击时，要做出相应的反应。

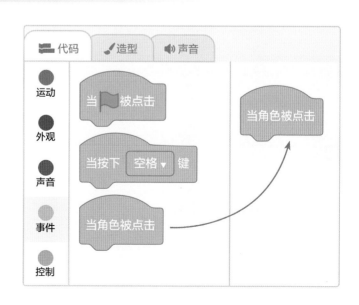

【情节2】小蝌蚪开始摆动尾巴，呈现不同的泳姿。

【想一想】

"蝌蚪"有四个造型，那么需要切换多少次造型，才能把这四个造型依次呈现出来呢？

当小蝌蚪跟我们见面时，已经摆出一个泳姿了，所以，它还要经过三次造型变换，才能呈现全部的造型。

现在，开始完成这三次造型变换吧。

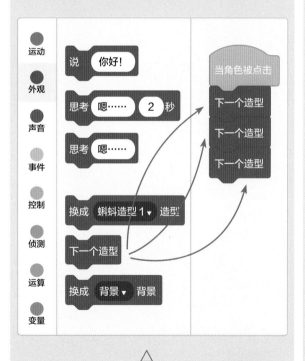

△

在"外观"类积木中找到并拖动 下一个造型 到脚本区，拼接到 当角色被点击 下方；继续点击拖动并拼接好两个 下一个造型 积木。

【想一想】

假如你现在去点击舞台上的小蝌蚪，会发现小蝌蚪摆尾巴的动作太不明显了！这是怎么回事呢？

原来是由于三个 下一个造型 一个接一个，连得太紧密了，导致造型切换得太快。我们还没来得及看清楚，程序就结束啦！所以，我们需要在每次造型切换之后，稍稍停留一会儿，才能看到变化。

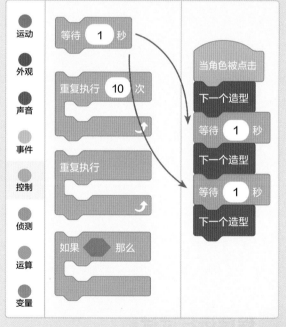

△

从"控制"类积木中拖动两次 等待 1 秒 到脚本区并分别拼接在前两个 下一个造型 积木的下方。这样，小蝌蚪科哇在池塘里变换造型游泳就没问题啦。

在这一步中，我们收集到了第五个"编程秘诀"——积木。

【编程秘诀 5】积木

积木是 Scratch 系统定义好的指令集合，可以为角色赋予动作，用来帮你实现想要的效果。我们通过积木来命令角色去执行不同的动作。根据具体的功能，积木也分成不同类别，比如"外观"类、"事件"类等。本次任务中用到的积木及作用为：

积木	作用	效果
"事件"类积木 当角色被点击	当角色被点击后触发指定动作	科哇被点击后，将通过角色造型变换使尾巴摆动起来。
"外观"类积木 下一个造型	将角色改为下一个造型	
"控制"类积木 等待 1 秒	将角色造型保持一定时间	

 运行与优化

1 程序运行试试看

你是不是已经迫不及待了，想要运行一下这个程序呢？

用鼠标点击小蝌蚪，试试你想要的效果实现了没有吧。

2 作品优化与调试

有没有发现，小蝌蚪在做"慢动作"。这是因为，它在每一个造型后等待的时间太久了！每隔 1 秒才变换一次！

我们应该把两个 等待 1 秒 积木中的秒数修改得更短暂。你可以尝试修改为 0.9 秒、0.8 秒……0.1 秒，依次感受小蝌蚪动作变换的快慢。

这里，我们把数值都设定为 0.3。

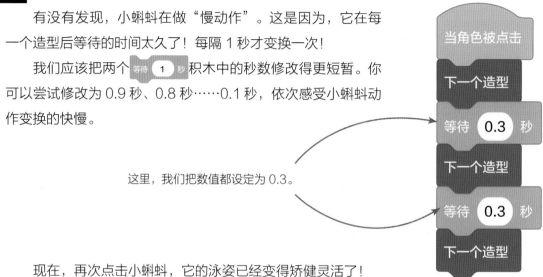

现在，再次点击小蝌蚪，它的泳姿已经变得矫健灵活了！

3 让保存成为习惯

最后，千万别忘了把这个小程序保存到电脑里！这是你人生中自己编写的第一个小程序，一定要好好留存呀！

◁ 点击"文件"菜单，选择"保存到电脑"命令。

我们建议你，在电脑硬盘（不建议 C 盘）中建立一个专属文件夹，用来存储你所有的程序文件。

▽ 先对文件进行命名，然后点击"保存"按钮，就能把文件保存到指定位置啦！

现在，祝贺你——顺利地完成了第一个小程序！

👑 思维导图大盘点

让我们用思维导图的方式，回顾一下这个编程任务是怎么完成的吧。

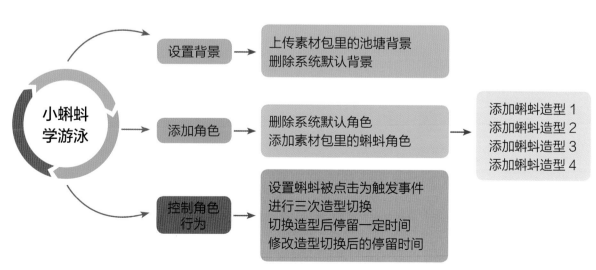

挑战新任务

让小蝌蚪游泳的过程虽然充满挑战，但是你一定也获得了满满的成就感。Scratch 系统里自带了很多素材，可供你自由发挥！

现在，让我们再接再厉，用 Scratch 系统自带的素材进行编程练习吧。

我们的目标是：让小女孩在剧场表演舞蹈。

为了使演出效果更好，先为小女孩布置一个剧场背景。在 Scratch 界面右下方的背景区，点击"选择一个背景"图标。

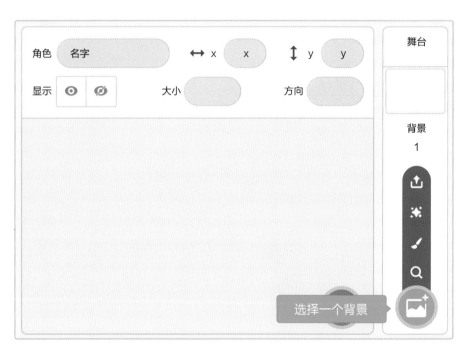

打开默认背景库，点击"音乐"标签，找到并点击选择你喜欢的舞台。

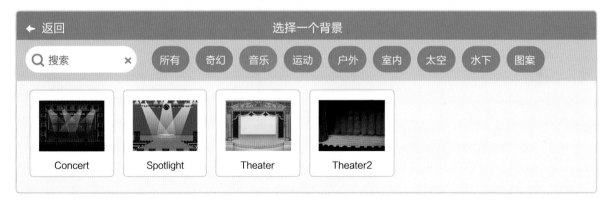

▽ 下面请出要进行表演的小女孩。在 Scratch 角色区的右下角，点击"选择一个角色"图标。

▽ 打开默认角色库，点击"人物"标签，找到并点击选择"Ballerina"小女孩角色。

现在，轮到你去操作啦！想想看，要用到哪些积木，才能让小女孩跳起舞来呢？结合前面学习的知识，动手试试看吧！

探索水底世界

解锁新技能

🔒 通过键盘操作触发角色动作

🔒 角色移动的距离

🔒 角色面向的方向

🔒 角色位置的设定

在你的帮助下，科哇已经学会了游泳。现在，它可以摆动尾巴，自由地探索水底世界啦！

　　这条尾巴真的很神奇！它可以给科哇提供推动力，还有助于保持身体的平衡，甚至还能掌握方向！现在的问题是：科哇去哪儿呢？

　　潜入池塘的水底，科哇发现这里是一个全新的世界：五彩缤纷的小鱼游来游去，奇形怪状的水草在随波摇曳，还有很多贝壳反射着阳光，就像水底的点点星光……哇，水底世界简直太棒了！科哇已经迫不及待想去探险了！

👑 领取任务

小朋友，让我们用 Scratch 编程魔法，帮助科哇去探索水底世界吧！

首先，我们要通过键盘操作来命令科哇移动。

然后，我们要帮助科哇找到移动的方向，确定移动的距离。

有了这些本领，科哇一定可以在池塘里自在地遨游！

👑 一步一步学编程

1 做好准备工作

在上次的学习中，我们已经知道应该怎样做准备了。现在，我们按照上次的方法再操作一次！

玩转 Scratch1 ▸ 案例 2 ▸

1-2 案例素材   1-2 拓展素材

1-2 探索水底世界 .sb3

资源下载

本次学习我们需要的素材都在本书附带的下载资源"案例 2"文件夹中。

其中，"1-2 案例素材"文件夹存放的是编写程序过程中用到的素材；"1-2 拓展素材"文件夹存放的是"挑战新任务"的参考材料；"1-2 探索水底世界 .sb3"是工程文件。

新建项目

现在，我们要为"探索水底世界"的故事单独开辟一个"空间"。

如果 Scratch 编辑器刚被启动，它已经为你默认分配了空间，那么我们可以忽略这一步。但如果你刚刚用 Scratch 编写了其他程序，记得先保存好当前的项目，然后点击 Scratch 编辑器中的"文件"菜单，选择"新作品"命令。

删除默认角色

哎呀！又是这只不请自来的小猫咪！

在角色区选中"角色1"小猫咪，点击右上角的 🗑 按钮。▽

现在，全部的准备工作都已经完成啦！让我们开始编写属于自己的程序吧！

② 添加背景与角色

我们要让科哇用矫健的泳姿畅游水底，探索美妙的水下世界！

添加舞台背景

首先，要把空白舞台替换成美丽的水底世界。

和上次学习一样，我们在界面右下方找到背景区。

鼠标指向"选择一个背景"图标，弹出包含四个按钮的菜单。鼠标上移点击"上传背景"按钮。▽

△ 打开"1-2案例素材"文件夹，选择"背景"图片，点击"打开"按钮，水底世界的背景就布置好啦！

同上次任务一样，点击左侧的"背景"选项卡，仍然可以看到两个背景图，即"背景1"和"背景"。别忘了把第一幅默认的空白背景"背景1"删掉哟！

△ 选中"背景1"，点击右上角的 按钮，就删除了。

添加角色

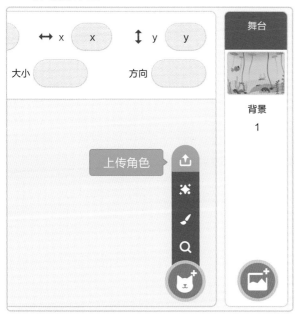

△ 　在角色区，把鼠标指向"选择一个角色"图标，弹出包含四个按钮的菜单，点击"上传角色"按钮。

△ 　打开"1-2案例素材"文件夹，选择"小蝌蚪科哇 .sprite3"，点击"打开"按钮。

成功添加角色之后，再根据舞台效果，▷
调整好科哇的大小和位置。

【想一想】
　　我们刚才添加角色的方式和之前的有什么不同呢？
　　在之前的学习中，小朋友们自己创造了角色，为角色依次添加了四个造型。而现在，我们导入的是已经做好造型的角色。试试点击界面左上方的"造型"选项卡，小蝌蚪是不是已经有了四个造型？

3 设计与实现

相信小朋友们已经体会到了，在动手编写程序之前，逻辑分析是必不可少的步骤。我们现在就来看看，在 Scratch 里，如何让科哇在水底畅游起来吧！

【故事逻辑和情节分析】

⚙ 【情节 1】科哇"听从"键盘右键命令，在水里向右游动。

⚙ 【情节 2】科哇"听从"键盘左键命令，在水里向左游动。

【情节 1】科哇"听从"键盘右键命令，在水里向右游动。

我们需要设置触发条件。按下键盘上的"→"键，科哇就向右游动。

科哇向右移动

点选角色区的"小蝌蚪科哇"，在"事件"类积木中，点击 当按下 空格 ▼ 键 ，拖到脚本区。

▽　点击积木上"空格"处，出现下拉列表，选择"→"。这样，就把按下键盘上的"→"键，设置成了触发条件。

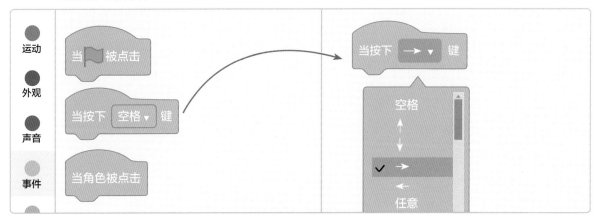

在这一步中，我们收集到了本次任务的第一个"编程秘诀"——键盘事件。

【编程秘诀 1】键盘事件

在 Scratch 中，"事件"类积木 当按下 空格 ▼ 键 就是键盘事件的"触发开关"。其中，"空格"键可以换成各种其他的按键。

在本次学习中，我们将分别设置按下键盘上的"←"键和"→"键为触发事件。

怎么设置科哇向右移动呢？

▽ 在"运动"类积木中，分别找到 移动 10 步 和 面向 90 方向，都拖到脚本区，拼接到 当按下 · 键 的下方。这样科哇就能向右移动啦！

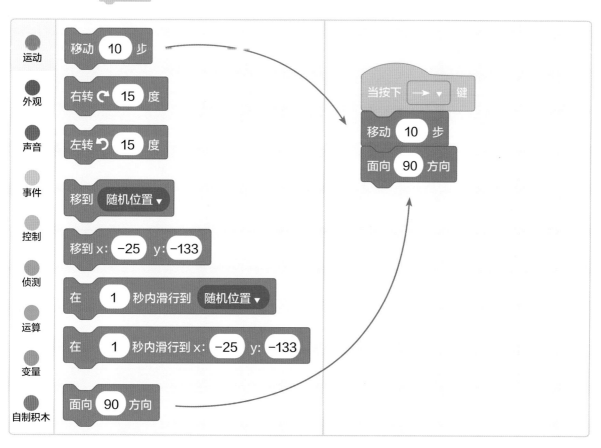

在这一步中，我们收集到了第二个"编程秘诀"——角色移动。

【编程秘诀2】角色移动

在舞台的范围里，角色面向某个方向移动一定的距离。一般通过"运动"类积木 移动 10 步 来实现。积木上的数字可以修改，数值越大移动距离越远，数值越小移动距离越近。

在本次学习中，科哇的移动步数，可以根据你自己的想法和情节需要来调整。

科哇泳姿更自然

科哇虽然能游动了，但是它的姿势不会变，看起来有点儿死板。小朋友们可以借鉴上次学习的"造型变换"的知识，让科哇的泳姿更自然哟！

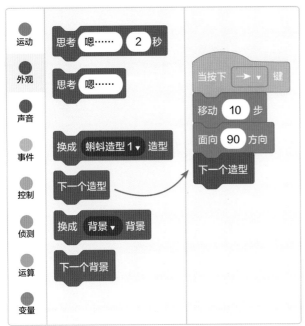

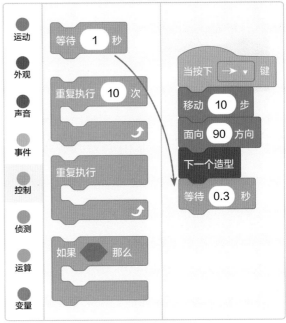

⚠ 在"外观"类积木中点击选择 下一个造型 ，拖动并拼接到脚本区"游动"积木组合的下方。

⚠ 再在"控制"类积木中，点击 等待 1 秒 ，拖动并拼接到脚本区 下一个造型 积木的下方，把数值修改为0.3。运行一下，效果是不是好多了？

【情节2】科哇"听从"键盘左键命令，在水里向左游动。

科哇向左移动

【想一想】

我们已经实现了让科哇向右游动的目标，向左游动步骤过程一样，只是方向不同。如果我们复制积木组合，然后修改数据，就能大大提高编程效率。

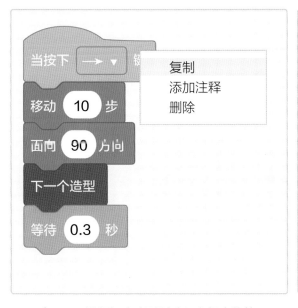

△ 把鼠标移动到刚才积木组合的第一个积木上，点击鼠标右键，选择"复制"命令。

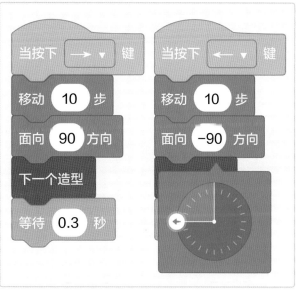

△ 点击鼠标左键，把复制好的积木组合放到脚本区的空白处，完成复制。再把新积木组合上的按键改为"←"，方向改为 -90 度。科哇"听从"左键命令而向左移动就能实现了。

在这一步中，我们收集到了第三个"编程秘诀"——角色面向方向。

【编程秘诀3】角色面向方向

角色的移动，不仅有距离的变化，还有方向的变化。在 Scratch 中，角色的运动方向是通过"运动"类积木 面向 90 方向 来实现的，图中的圆盘也可以用来调整方向。

在本次学习中，向右游动的时候修改方向值为 90，向左游动的时候修改方向值为 -90。

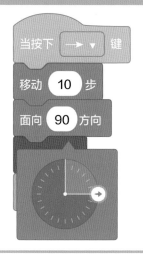

科哇保持背部朝上

运行程序会发现，向左游动的时候科哇是肚皮朝上的。

▽ 在"运动"类积木中，找到 将旋转方式设为 左右翻转▼ ，拖到脚本区，拼接到向左移动积木组合的最下方。

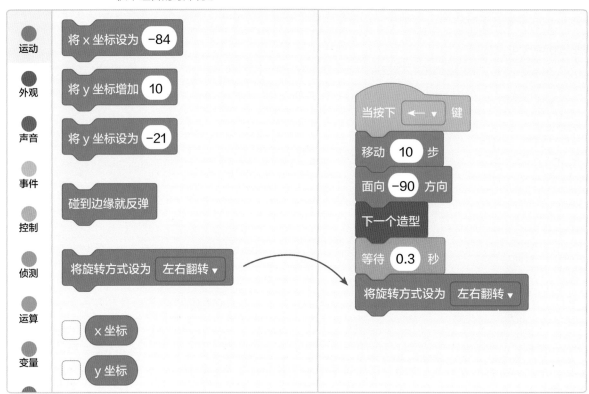

🥚 运行与优化

1 程序运行试试看

快运行一下你的程序试试，看看你的任务都完成了没有吧！

（1）按下键盘"→"键，科哇摆动尾巴的同时向右游一次；持续按下键盘"→"键，科哇不断向右游动。

（2）按下键盘"←"键，科哇摆动尾巴的同时向左游一次；持续按下键盘"←"键，科哇不断向左游动。

2 作品优化与调试

假如你在程序运行过程中，点击舞台上方的 ⬤ 按钮突然停止程序，再次点击 🚩 按钮想重新启动时，会发现科哇没有回到第一次运行程序的开始位置，面向方向与最初预想的也未必一致。这时，我们可以对科哇每次登场的初始位置和方向来做一个设定哟。

在舞台区，用鼠标拖动科哇，放到你喜欢的位置作为起点，记下这个起点的坐标值，以及预期的面向方向。

△ 本案例中将坐标设定为x=-74，y=-21，方向为90。

△ 点选角色区的"小蝌蚪科哇"角色，在"事件"类积木中点击 🚩被点击，拖到脚本区。

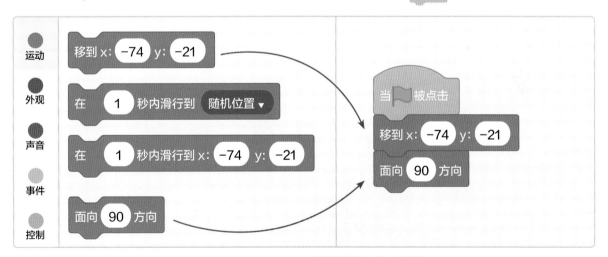

△ 在"运动"类积木中点击 移到x: -74 y: -21 和 面向 90 方向，拖到脚本区，依次拼接到 🚩被点击 积木下方。

这样，每当你点击 🚩 按钮，科哇都会回到预期的起点位置，并面向预定的方向了。

在这一步中，我们收集到了第四个"编程秘诀"——角色位置设定。

【编程秘诀 4】角色位置设定

要确定角色在舞台上的具体位置，我们首先将角色摆放在舞台的合适位置，并关注其对应的坐标值。在 Scratch 中，角色的位置设定是通过"运动"类积木 移到 x: -74 y: -21 来实现的，其中的数值可以进行修改。

3 让保存成为习惯

最后，千万别忘了，把编写好的程序保存到电脑里！这样，我们以后才能找到它，并不断地完善它。

点击"文件"菜单，
选择"保存到电脑"命令。▷

在上次学习中，你有没有建立一个专属文件夹，用来存储程序文件呢？现在，让我们找到那个文件夹。

对文件进行命名，
点击"保存"按钮。▷

让我们一个个地收集好这些小程序，等这个文件夹被塞满的时候，你一定是个编程小达人了！

🐾 思维导图大盘点

让我们画一画思维导图，复习一下本次的编程任务是如何完成的吧。

探索水底世界

- 设置背景 → 上传素材包里的水底世界背景
删除系统默认背景

- 添加角色 → 删除系统默认角色
添加素材包里的蝌蚪角色

- 控制角色行为
  - 按"→"键，科哇向右游 → 键盘"→"键为触发事件
  每次移动 10 步
  面向 90 度方向
  切换造型并保持

  - 按"←"键，科哇向左游 → 键盘"←"键为触发事件
  每次移动 10 步
  面向 -90 度方向
  切换造型并保持
  旋转方式为左右旋转

  - 设定游戏启动的初始状态 → 设定初始位置
  设定初始面向方向

👑 挑战新任务

　　本次学习中，我们让小蝌蚪学会了自由地在池塘遨游。现在，让我们运用 Scratch 系统自带的"背景"和"角色"进行编程挑战吧。

　　这一次，我们的目标是：通过控制键盘的左键和右键，帮助美人鱼畅游海洋。

　　▽　在 Scratch 界面右下方的背景区，点击"选择一个背景"图标。

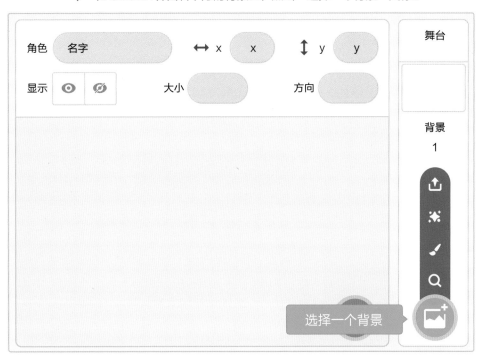

　　▽ 打开默认背景库，点击"水下"标签，点击选择自己喜欢的海底世界背景。

▽ 在 Scratch 角色区的右下角，点击"选择一个角色"图标。

▽ 打开默认角色库，点击"人物"标签并选择"Mermaid"美人鱼角色。

好啦，现在就轮到你去操作啦！想想看，你要运用哪些积木，才能让美人鱼实现从左到右、从右至左地来回游动巡视海底世界呢？

3

捉不到的泡泡

解锁新技能

🔓 角色重复执行特定动作

🔓 角色跟随鼠标移动

🔓 角色旋转一定角度

🔓 角色滑行到指定位置

科哇已经学会了游泳，也能潜入水底自由自在地玩耍了。现在的科哇，就像是刚刚打开了 Scratch 大门的你一样，对这个新奇的世界充满了好奇。

这时，科哇的注意力被一串水泡吸引住了！晶莹的泡泡折射着阳光，看起来五光十色的，迷人极了！科哇立刻摆动尾巴，追了上去。

如果泡泡漂得慢，科哇也优哉游哉的；如果泡泡漂得快，科哇的泳姿也变得迅速而灵活。

几条小鱼看到了，奇怪地交头接耳："看，那只小蝌蚪在捉泡泡呢！可是它为什么一直捉不到泡泡呢？"

其实，科哇是在小心翼翼地追泡泡玩，并不忍心戳破它。

👑 领取任务

自从科哇掌握了游泳的技能，整个池塘都成了它的游乐场！不论什么新鲜的事物，它都想凑过去瞧一瞧。这次，我们将运用 Scratch，让科哇玩它最喜欢的游戏——捉泡泡！

首先，我们要让科哇摆起尾巴，时刻待命，随时出击。

然后，我们要把鼠标变成"魔法棒"，鼠标指到哪儿，泡泡就漂到哪儿。

最后，我们要让科哇一路追逐着泡泡，泡泡去哪儿，科哇就去哪儿。

这听起来就超好玩，不是吗？科哇已经跃跃欲试了！

👑 一步一步学编程

1 做好准备工作

经过前两次的学习，我们已经知道该怎样做准备了。相信对于你来说，下面的步骤已经是轻车熟路了吧？

资源下载

为了完成这次的编程任务，我们需要把水底世界作为背景，还需要科哇和泡泡这两个关键角色。这些素材都在本书附带的下载资源"案例 3"文件夹中。

其中，"1-3 案例素材"文件夹存放的是编写程序过程中用到的素材；"1-3 拓展素材"文件夹存放的是"挑战新任务"的参考资料；"1-3 捉不到的泡泡 .sb3"是工程文件。

玩转 Scratch1 ▸ 案例 3 ▸

1-3 案例素材　　　1-3 拓展素材

1-3 捉不到的泡泡 .sb3

新建项目

现在，我们要为"捉不到的泡泡"这个故事单独开辟一个"空间"。

如果 Scratch 编辑器刚被启动，它已经为你默认分配了空间，那么我们可以忽略这一步。但如果你刚刚用 Scratch 编写了其他程序，记得先保存好当前的项目，然后点击 Scratch 编辑器中的"文件"菜单，选择"新作品"命令。

删除默认角色

在角色区选中"角色 1"小猫咪，再点击右上角的 🗑 按钮。

现在，全部的准备工作都已经完成啦！让我们开始编写属于自己的程序吧！

2 添加背景与角色

本次学习，我们将随着科哇一起潜入水底世界，追逐美丽的泡泡。

添加舞台背景

首先，我们来把空白的舞台替换成美丽的水底世界。

在 Scratch 界面右下方找到"背景区"，将鼠标指向"选择一个背景"图标，弹出包含四个按钮的菜单。鼠标上移点击"上传背景"按钮。

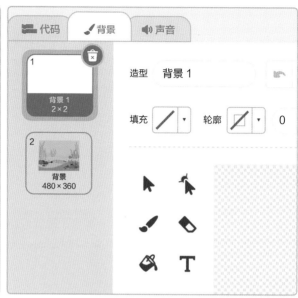

打开"1-3 案例素材"文件夹，选择"背景"图片，点击"打开"按钮，打开背景图片，布置好我们所需要的背景。

别忘了删掉默认背景哟！点击界面左侧的"背景"选项卡，选中默认背景"背景 1"，点击右上角的按钮。

添加角色

在角色区，把鼠标指向"选择一个角色"图标，弹出包含四个按钮的菜单，点击"上传角色"按钮。

打开"1-3 案例素材"文件夹，选择"小蝌蚪科哇 .sprite3"并点击"打开"按钮，成功添加小蝌蚪科哇。按照同样的方法，添加角色泡泡。成功添加角色之后，再根据舞台效果，调整好角色的大小和位置。

③ 设计与实现

在动手编写程序之前，先要分析科哇和泡泡间的交互逻辑。根据故事情境想一想，在 Scratch 里，如何让科哇去追泡泡吧！

3　捉不到的泡泡

【故事逻辑和情节分析】

⚙ 【情节 1】科哇摆动尾巴，准备出发。

⚙ 【情节 2】鼠标是"魔法棒"，泡泡一边旋转一边跟随鼠标移动。

⚙ 【情节 3】科哇看到泡泡动了，连忙朝着泡泡追了过去。

【情节 1】科哇摆动尾巴，准备出发。

为了实现该效果，我们可以将点击▐按钮，也就是游戏启动，设置为触发事件，并通过角色造型切换和造型停留时间完成造型切换。

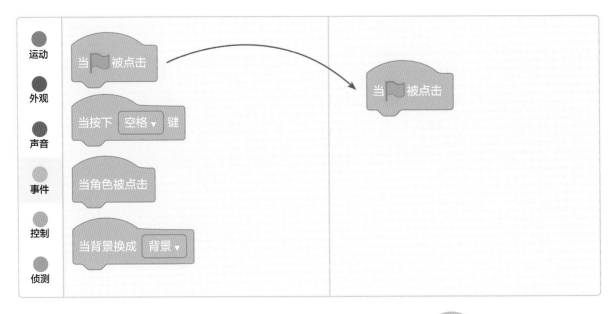

⚠ 点选角色区中的"小蝌蚪科哇"角色，在"事件"类积木中点击▐ 被点击，拖到脚本区。
这就等于是向科哇发送了通知：你要在游戏启动后完成指定动作哟！

【小贴士】

小朋友，如果程序包括多个角色，你千万不要弄混角色和对应的积木哟。

现在程序里有两个角色，一个是泡泡，一个是小蝌蚪科哇。检查一下你是不是在给小蝌蚪科哇增加动作吧。怎样检查呢？

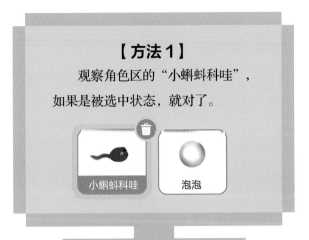

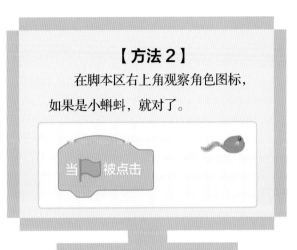

在"外观"类积木中点击 ▷ 下一个造型，拖到脚本区拼接好。

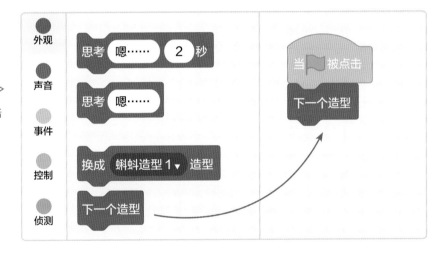

在"控制"类积木中点击 ▷ 等待 1 秒，拖到脚本区拼接好，并把数值修改为 0.3，要让造型保持一定的时间。

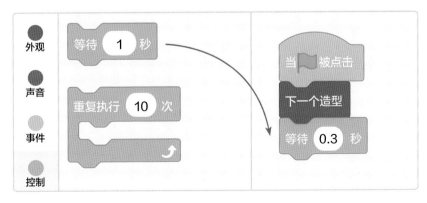

【想一想】

点击 🚩 按钮，启动程序，科哇能够变换造型几次？

启动程序后，科哇只会变换一次造型。要想实现连续变换造型的效果，我们需要重复这个步骤。

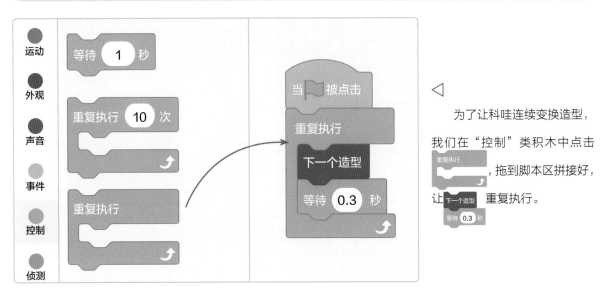

为了让科哇连续变换造型，我们在"控制"类积木中点击 重复执行，拖到脚本区拼接好，让 下一个造型 重复执行。

在这里，我们收集到了本次学习的第一个"编程秘诀"——重复执行。

【编程秘诀1】重复执行

重复执行指的是使角色重复执行某个或某些积木指令。

在 Scratch 中， 重复执行 是一个神奇的积木，只要把需要重复执行的积木"塞进"它的"肚子"里，就可以让角色重复不断地执行某些动作。

刚刚，我们就让科哇完成了重复执行切换造型并保持 0.3 秒的动作。

【情节 2】鼠标是"魔法棒"，泡泡一边旋转一边跟随鼠标移动。

游戏开始后，鼠标将成为泡泡的"领航员"，鼠标指针在哪里，泡泡就漂到哪里。与此同时，泡泡还能呈现出旋转的效果。

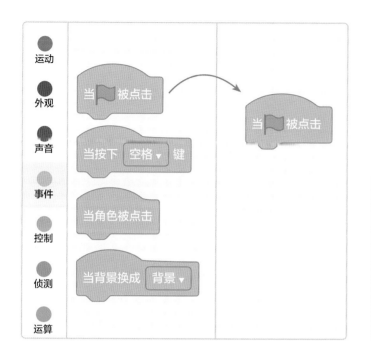

◁

点选角色区中的"泡泡"角色，在"事件"类积木中点击 当▶被点击 ，拖到脚本区。这就可以"通知"泡泡：在游戏启动后要完成指定动作！

【小贴士】
你可以按照刚刚学习过的两种方法，检测自己是不是正在为泡泡增加积木、赋予动作。

在"运动"类积木中点击 移到 随机位置▼ ，拖到脚本区拼接好，在下拉列表中选择"鼠标指针"，就可以实现"泡泡跟随鼠标指针移动"的效果。

▽

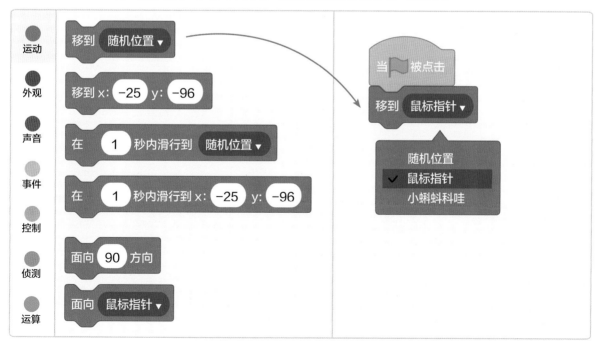

在这一步中，我们收集到了第二个"编程秘诀"——移动到鼠标指针。

【编程秘诀 2】移动到鼠标指针

在 Scratch 中，积木 移到 鼠标指针▼ 可以把角色和鼠标指针进行"捆绑"，鼠标指针移动到哪里，角色就会跟着移动到哪里。在这个积木的下拉列表中，还有"移动到随机位置"或"移动到其他角色"，小朋友们可以试一试效果，根据剧情的需要进行选择。

【想一想】

点击 ▇ 按钮启动程序，泡泡会移动几次？

点击 ▇ 按钮启动程序，泡泡只会移动一次。因此，我们需要实现泡泡的重复移动。

还记得那个神奇的"重复执行"积木吗？

在"控制"类积木中点击 重复执行 ，拖到脚本区，再把 移到 鼠标指针▼ "塞进"它的"肚子"里，就能实现泡泡的重复移动了！ ▽

在"运动"类积木中点击 右转 C 15 度 ，拖动并拼接到 移到 鼠标指针▼ 下方，就可以让泡泡不断旋转起来啦！ ▽

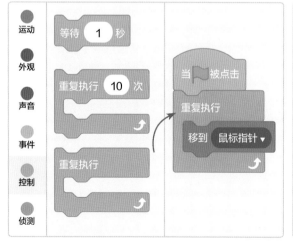

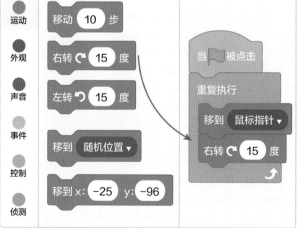

在这一步中，我们收集到了第三个"编程秘诀"——角色旋转。

【编程秘诀3】角色旋转

角色可以围绕一个点或一个轴，旋转一定的角度。在 Scratch 中，通过 右转 ↻ 15 度 和 左转 ↺ 15 度 来实现。其中的数值，根据剧情需要进行调整。

刚刚我们通过设置泡泡重复执行向右转动，实现了泡泡不断旋转的效果。小朋友可以点击 ▶ 按钮，仔细观察泡泡的这个特效。

【情节3】科哇看到泡泡动了，连忙朝着泡泡追了过去。

这时候还需要给科哇一个信号去追泡泡。可以将按下键盘"b"键作为触发事件，提醒科哇跟随泡泡移动。

▷

点选角色区中的"小蝌蚪科哇"角色，在"事件"类积木中找到 当按下 空格▼ 键 ，在下拉列表中选择"b"，点击并把它拖到脚本区。

【小贴士】

小朋友，请你仔细观察角色区的"小蝌蚪科哇"是否是选中状态？脚本区是否有小蝌蚪科哇的图标？如果有，就恭喜你，你正在为小蝌蚪科哇增加积木、赋予动作呢。

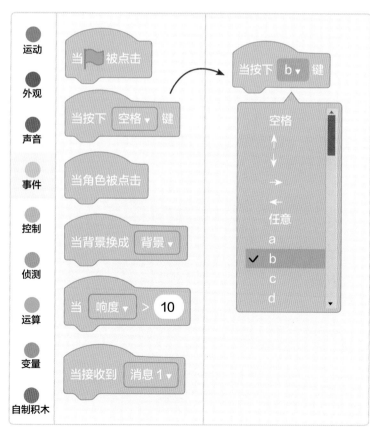

▽ 在"运动"类积木中点击 面向 鼠标指针 ▼ ，拖到脚本区拼接好，在下拉列表中选择"泡泡"，这样就能让科哇始终面向泡泡了。

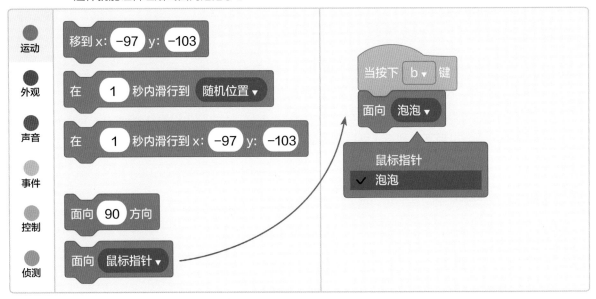

但是，我们的科哇还不能动，所以现在需要一个指令，让科哇移动到泡泡的位置。

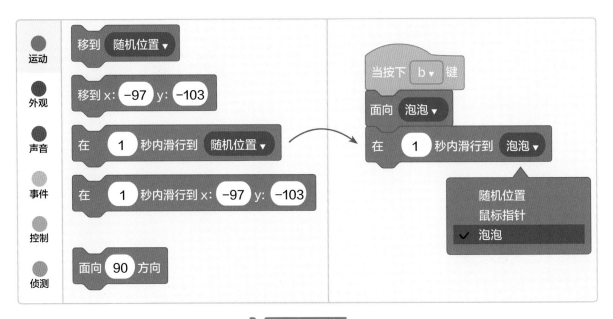

△ 在"运动"类积木中点击 在 1 秒内滑行到 随机位置 ▼ ，拖到脚本区，把"随机位置"修改为"泡泡"，再把它拼接到 面向 泡泡 ▼ 下方。

在这一步中，我们收集到了第四个"编程秘诀"——角色滑行。

 【编程秘诀 4】角色滑行

　　角色通过滑动的方式，在一定时间内移动到指定位置。在 Scratch 中，可以通过 `在 1 秒内滑行到 泡泡▼` 来实现。其中的数值代表滑动的时间，可以根据剧情需要进行调整。如果你想让角色慢慢地滑行到目标，就把数值调大，反之则调小。点击积木上"泡泡"所在的位置会出现下拉列表，可以选择滑动的目的地。

▽　最后，要实现科哇始终面向泡泡移动，离不开神奇的 `重复执行` 积木。

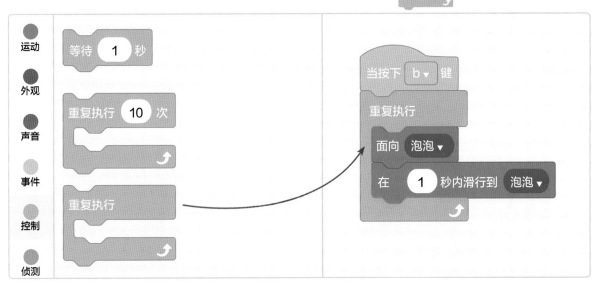

👑 运行与优化

1 程序运行试试看

让我们试着运行一下刚刚编写的程序吧！看看科哇有没有追到泡泡。

（1）点击 ▶ 按钮，启动游戏，科哇开始摆动尾巴。

（2）移动鼠标，泡泡一边旋转一边跟随鼠标移动。

（3）点击键盘"b"键后，科哇跟随泡泡移动。

2 作品优化与调试

假如你命令科哇去追逐身体上方的泡泡，它就会出现肚皮向上翻的情况。

虽然科哇很灵活，可以朝任意方向旋转身体，但是，对于生活在水中的生物来说，肚皮向上翻可不是什么好兆头！还是让我们想想办法，帮科哇换一种旋转方式吧！

▽ 点选角色区的"小蝌蚪科哇"角色，在"运动"类积木中点击 将旋转方式设为 左右翻转▼ ，拖动并拼接到 在 1 秒内滑行到 泡泡▼ 下方。

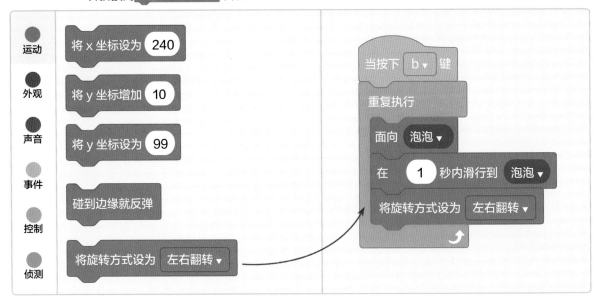

现在，再一次点击 ▶ 按钮启动游戏，按下键盘"b"键后，无论泡泡在科哇的哪个方向，科哇都不会再翻起肚皮了！

3 让保存成为习惯

最后，让我们把编写好的程序，保存到"老地方"！

点击"文件"菜单，选择"保存到电脑"命令。 ▷

经过一段时间的学习，相信你已经建立了一个专属的文件夹，用来存储程序文件。

▽ 找到那个文件夹，对文件进行命名，点击"保存"按钮。

你的小程序又多了一个！恭喜你，距离"编程达人"又近了一步！

👑 思维导图大盘点

现在，让我们画一画思维导图，复习一下这一次的编程任务是如何完成的吧。

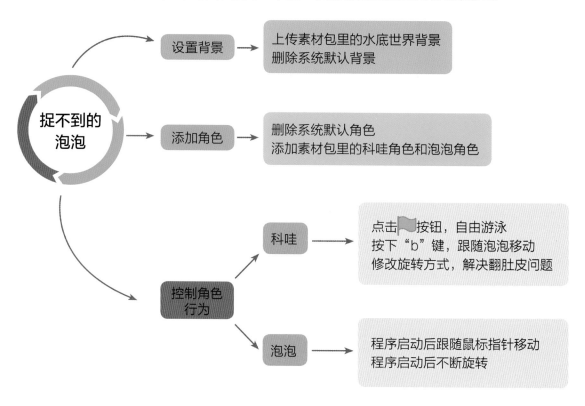

👑 挑战新任务

小朋友，"捉不到的泡泡"这个小程序，有没有让你联想起猫捉老鼠呢？

猫咪想方设法地追逐老鼠，而聪明的小老鼠却一次又一次地躲过了猫咪。

你想不想用编程的方式，重现这个经典的场景呢？接下来，就让我们根据本次所学习的内容，运用 Scratch 系统自带的素材，编写一个猫捉老鼠的小程序。

▽ 在 Scratch 界面右下方的角色区，点击"选择一个角色"图标。

▽ 打开默认角色库，点击"动物"标签，选择小猫和老鼠的角色。

为了让"猫捉老鼠"的画面更有趣，你可以在系统自带的素材中选择一个适合的背景。

接下来就交给你啦！好好开动脑筋，应该怎样操作、运用哪些积木，才能实现猫捉老鼠的有趣场景呢？

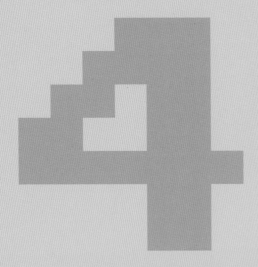

蝌蚪音乐会

解锁新技能

🔓 制作可以重复利用的角色

🔓 创建出和原角色一样的"克隆体"

🔓 把同一指令重复执行指定次数

🔓 选择并播放音乐文件

不知不觉间，科哇已经完全融入了这片池塘。

一天，科哇看到不远处有一群黑色的小生灵。它们也都长着圆滚滚的大脑袋，拖着又细又长的小尾巴。直觉告诉科哇，这群小生灵一定和自己有非同一般的联系。

"喂，你们是谁呀？"科哇好奇地问。

黑色的小生灵们七嘴八舌地说起来：

"啊！又一只！"

"盛夏的池塘里，同类可真多呀！"

"你也在找妈妈吗？"

科哇愣住了："为什么你们说的话，我一句都听不懂？"

这时，一个首领模样的黑色小生灵游了过来，耐心地解释道："我们和你一样，都是小蝌蚪。不信你看，咱们长得多像啊！我们正在找妈妈，你在做什么呢？"

"啊……原来我们是同类啊……"科哇磕磕巴巴地说，"我在……我在玩儿呢！不过，只有我自己……"

"欢迎你加入我们，我们一起玩儿吧！"蝌蚪首领热情地说。

领取任务

科哇找到了一群同伴，每天都兴奋极了，玩得不亦乐乎。整个池塘，都回荡着小蝌蚪们的欢声笑语。一天，伙伴们决定举办一场水底音乐会，一起唱歌跳舞。现在，就让我们借助 Scratch，帮助它们举办音乐会吧！

首先，我们要创造出更多的小蝌蚪组建合唱团。

然后，我们要"指导"这群小蝌蚪摆队形，围成一个圆。

最后，我们要在程序中播放声音，让小蝌蚪们唱歌。

让我们帮助科哇，去组织一场蝌蚪音乐会吧！

一步一步学编程

1 做好准备工作

经过前几次的练习，我们已经很熟悉 Scratch 的准备工作啦！现在，你只需按照之前的方式，一步步地做好下面这些工作，Scratch 就准备就绪啦！

资源下载

我们今天编写程序需要的素材有：美丽的水底世界、领唱员科哇还有合唱团成员们。这些素材都在本书附带的下载资源"案例 4"文件夹中。

其中，"1-4 案例素材"文件夹存放的是编写程序过程中用到的素材；"1-4 拓展素材"文件夹存放的是"挑战新任务"的参考资料；"1-4 蝌蚪音乐会 .sb3"是工程文件。

新建项目

现在，我们要为"蝌蚪音乐会"的故事单独开辟一个"空间"。

如果 Scratch 编辑器刚被启动，它已经为你默认分配了空间，那么我们可以忽略这一步。但如果你刚刚用 Scratch 编写了其他程序，记得先保存好当前的项目，然后点击 Scratch 编辑器中的"文件"菜单，选择"新作品"命令。

删除默认角色

角色区这只小猫咪仍然需要删除。

在角色区选中"角色 1"小猫咪，点击右上角的 🗑 按钮。　▷

角色 1

唤醒"音乐"类指令

要举办音乐会，怎么少得了"音乐"类指令呢？但是，Scratch 的默认环境看不到这一类积木，需要我们手动添加。

▽　在屏幕左下方点击 🎛 图标，在弹出的"选择一个扩展"中选择"音乐"，添加"音乐"类指令。

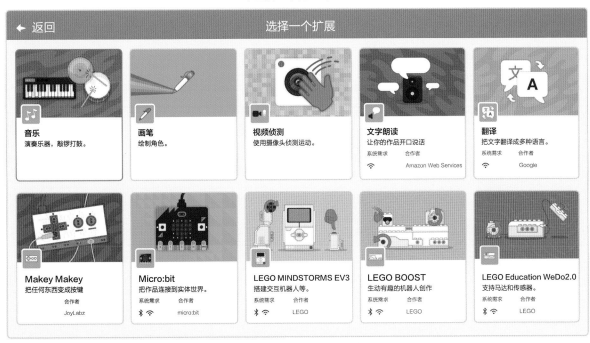

现在，全部的准备工作已经完成！让我们开始编写属于自己的程序吧！

2 添加背景与角色

这次，我们将潜入水底世界，和一群小蝌蚪一起举办热闹的音乐会。

添加舞台背景

我们首先要把空白的舞台替换成美丽的水底世界。

在 Scratch 界面右下方找到背景区，把鼠标指向"选择一个背景"图标，弹出包含四个按钮的菜单，点击"上传背景"按钮。

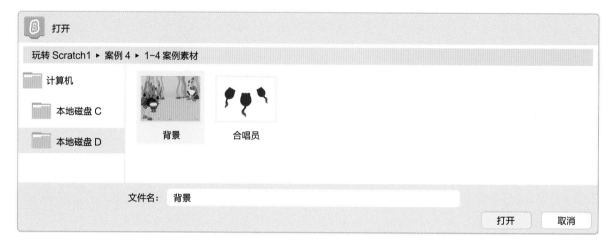

⚠ 打开"1-4 案例素材"文件夹，选择"背景"图片，点击"打开"按钮，
打开背景图片，我们的舞台就布置好啦！

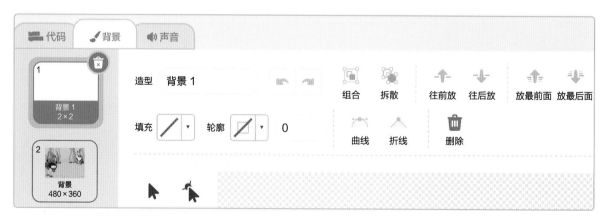

⚠ 别忘了删除默认背景哟！切换到左侧的"背景"选项卡，选中默认
背景"背景1"，点击右上角的 🗑 按钮。

添加角色

在 Scratch 界面右下方找到角色区，把鼠标指向"选择一个角色"图标，弹出包含四个按钮的菜单，点击"上传角色"按钮。

角色	合唱员	↔ x	26	↕ y	−129	舞台
显示	◉ ⦸	大小	45	方向	90	

打开"1-4 案例素材"文件夹，选择"合唱员"图片并点击"打开"按钮。添加成功之后，调整合唱员的大小和位置。

角色	小蝌蚪科哇	↔ x	7	↕ y	−73	舞台
显示	◉ ⦸	大小	15	方向	90	

参考上面的步骤，选择"小蝌蚪科哇 .sprite3"并点击"打开"按钮，添加科哇并调整其大小和位置。

3 设计与实现

按照惯例，我们要先进行逻辑分析，再用 Scratch 来编写这个小程序。

【故事逻辑和情节分析】

⚙ 【情节 1】科哇做好了登台的准备，尾巴摇摇摆摆。

⚙ 【情节 2】召集合唱员，让它们围成一圈。

⚙ 【情节 3】蝌蚪合唱团选定表演曲目。

⚙ 【情节 4】合唱团开始唱歌。

【情节 1】科哇准备登台，尾巴摇摇摆摆。

在导入角色的时候，我们通过导入"小蝌蚪科哇 .sprite3"成功添加了科哇角色。这个角色包括四个造型以及一段完整的代码。程序启动后，科哇就开始重复切换造型，尾巴不停地摇摆。

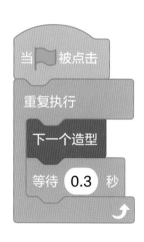

仔细观察这一小段程序，有没有觉得眼熟呢？没错，在上一次学习中，我们为了让科哇的尾巴摇摆起来，曾编写过一组同样的代码积木。因为科哇摆动尾巴的效果会在这本书中出现多次，所以，我们通过 Scratch 编程魔法，让这组代码可以重复利用。

这也正是我们本次收集到的第一个"编程秘诀"——角色导出。

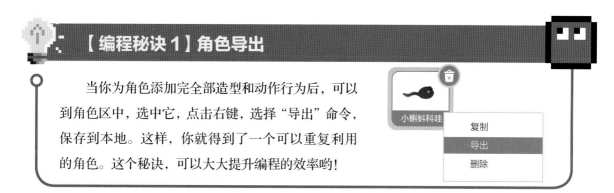

【编程秘诀1】角色导出

当你为角色添加完全部造型和动作行为后，可以到角色区中，选中它，点击右键，选择"导出"命令，保存到本地。这样，你就得到了一个可以重复利用的角色。这个秘诀，可以大大提升编程的效率哟！

小蝌蚪科哇

复制
导出
删除

【情节2】召集合唱员，让它们围成一圈。

音乐会马上就要开始啦，快让小蝌蚪们围成一圈，准备献上一首大合唱吧。

我们以按下键盘"c"键作为触发条件，召集更多的合唱员小蝌蚪，并且以科哇为中心围成一圈。

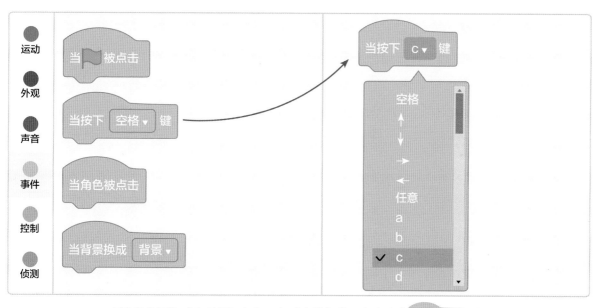

△ 点选角色区的"合唱员"角色，在"事件"类积木中点击 当按下 空格▼ 键，拖到脚本区，并把积木上的选项改为"c"。

【想一想】
目前，我们只有一组合唱员，该怎样做才能拥有更多成员呢？
生物学中有一项"克隆"技术。Scratch中，我们也可以通过"克隆"来实现我们的目标。

63

▽　要想克隆角色，我们需要到"控制"类积木中找到 克隆 自己▼ ，拖到脚本区拼接好。

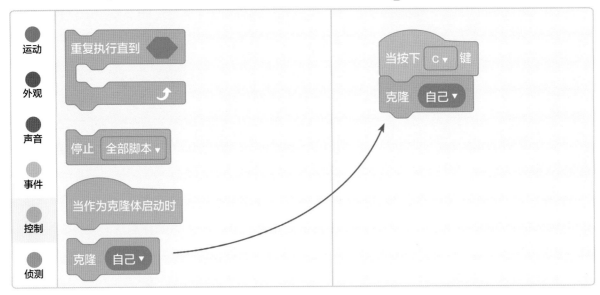

在这一步中，我们收集到了第二个"编程秘诀"——角色克隆。

【编程秘诀 2】角色克隆

在 Scratch 中，可以通过 克隆 自己▼ 实现角色的克隆，创建出和原角色一样的克隆体。需要注意的是，克隆体会继承原角色的所有状态，所以，克隆体的造型、动作等都会随原角色一起改变！

【想一想】

仅仅拥有克隆体还不够，我们还想让这群小蝌蚪能够围着科哇形成一圈。

圆周的度数是 360 度，要让合唱员排成圆形，我们可以让一组合唱员每次旋转 90 度，共计旋转 4 次。但是原地旋转可不行，我们需要克隆一次，更改一次位置。

这就需要用到"移动积木" 移动 10 步 和"左转积木" 左转 ↺ 15 度 ，使小蝌蚪们一边转圈，一边克隆，一边设定下一次克隆的位置。每次旋转 90 度，共计旋转 4 次，最终形成一个圆。

在"运动"类积木中点击 移动 10 步 和 左转 15 度，都拖到脚本区拼接好，把移动步数改为 60，把左转度数改为 90。记得要拖动两个 移动 10 步 积木。这就等于是"通知"了合唱员，在按下"c"键后移动到下一次克隆的位置。

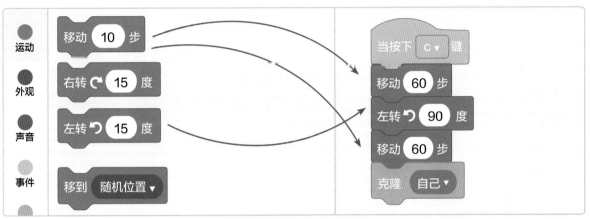

我们一共需要实现 4 次克隆。这一步，要用到 重复执行 10 次 来实现。在"控制"类积木中点击 重复执行 10 次 ，拖到脚本区拼接好，把积木中的数值 10 改为 4，这样就能使克隆出的合唱员围成一个圆形了。

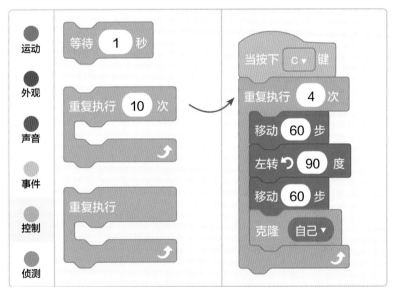

【想一想】

重复执行 10 次 积木与前面学到过的 重复执行 积木有什么异同呢？

相同点：都能让角色的某个动作执行多次。

不同点：前者对重复的次数进行了限制。

在这一步中，我们收集到了第三个"编程秘诀"——重复执行指定次数。

【编程秘诀3】重复执行指定次数

我们可以通过 ，命令角色把某个动作重复执行指定的次数。小朋友们只需要把需要重复的动作，塞进这个积木的"肚子"里，再设定好重复的次数就可以了。

运行一下程序，会发现小蝌蚪们的动作太快了！一眨眼的工夫，全部就位了。为了看清克隆的过程，我们需要在每次克隆结束后稍微等待一下。

在"控制"类积木中点击 等待 1 秒，拖到脚本区拼接好，把数值改为0.3，这样就能让克隆的速度变慢一点。

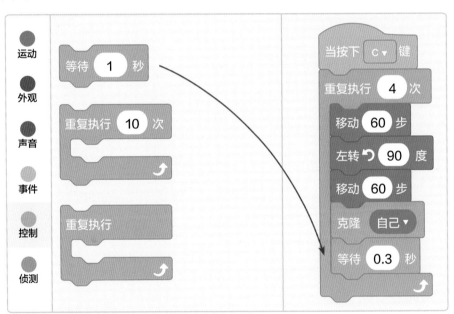

【情节3】蝌蚪合唱团选定表演曲目。

在正式表演之前，要先确定合唱曲目，还要把相应的音乐文件准备好。

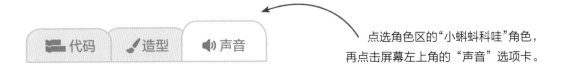

点选角色区的"小蝌蚪科哇"角色，再点击屏幕左上角的"声音"选项卡。

将鼠标指向屏幕左下方的 🔊 图标，弹出包含四个按钮的菜单，点击"上传声音"按钮。

打开"1-4 案例素材"文件夹，选择"演唱曲目"音频文件，点击"打开"按钮。

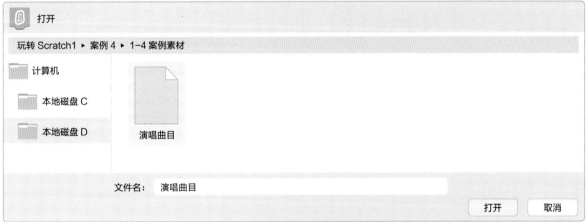

▽ 现在，曲目就被导入到 Scratch 中了！

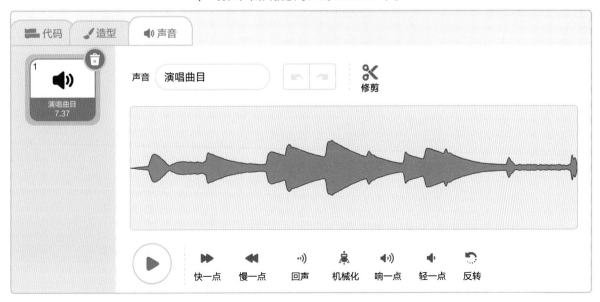

【情节 4】合唱团开始唱歌。

我们让键盘中的"s"键作为"指挥"，一旦按下"s"键，蝌蚪们就表演起了大合唱。

▽ 点选角色区的"小蝌蚪科哇"角色，在"事件"类积木中点击 ，拖到脚本区，在下拉列表中选择"s"。这样就把"s"键设置成了触发条件。

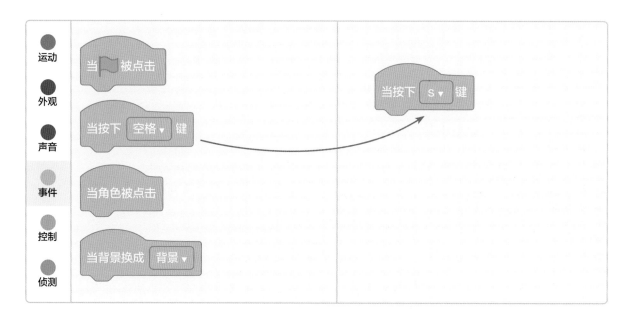

▽ 接下来，我们把选好的曲目导入到舞台。点击"声音"类积木，可以看到播放声音积木上，出现了已导入的曲目，把积木拖到脚本区拼接好。

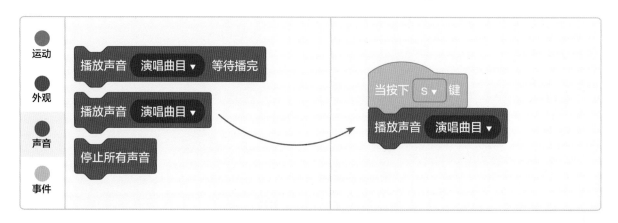

在这一步中，我们收集到了第四个"编程秘诀"——播放声音。

【编程秘诀4】播放声音

播放声音 积木可以把你需要的声音导入舞台，配合剧情播放适合的音频。

♛ 运行与优化

1 程序运行试试看

让我们试着运行一下刚刚编写的程序吧！听一听小蝌蚪们的音乐会究竟有多热闹！

（1）点击 🚩 按钮，启动游戏，小蝌蚪科哇不断摆动尾巴。

（2）按下"c"键，蝌蚪合唱团的成员们实现克隆，将小蝌蚪科哇围成一圈。

（3）按下"s"键，合唱团开始演唱歌曲。

2 作品优化与调试

程序中的小蝌蚪非常乖，能够演唱我们选择好的曲目，但是……这似乎没什么惊喜。你想不想对它们的合唱方式进行调整呢？让节奏时快时慢，让音效多种多样，这样的音乐一定会更加有趣！

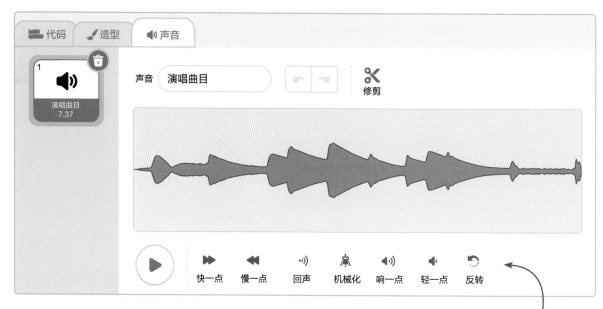

△ 点选角色区的"小蝌蚪科哇"角色，切换到"声音"选项卡，就可以通过声音界面所示的"快一点""慢一点""回声"等七种方式对声音进行编辑。

再一次点击 🏳 按钮启动游戏，按下键盘"s"键后，蝌蚪合唱团的表演是不是更加让人难忘了？

此外，由于我们已经为小蝌蚪科哇和合唱员们排好了队形，如果程序中不小心挪动了它们的位置，就会影响到队形的美观。这就需要在每次点击 🏳 按钮启动游戏的时候，让小蝌蚪科哇和合唱员们"归位"。位置怎么确定呢？你可以翻看"添加背景和角色"部分查找线索哟。

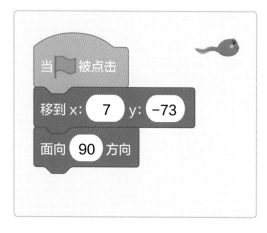

△ 在角色区点选"小蝌蚪科哇"角色，为它增加"事件"类积木和"运动"类积木。

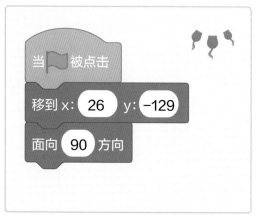

△ 在角色区点选"合唱员"角色，为它们增加同样的"事件"类积木和"运动"类积木，但是坐标值不同哟。

3 让保存成为习惯

又到了收尾的部分。还记得怎么做吗？

点击"文件"菜单，选择"保存到电脑"命令。 ▷

啊，已经收集到四个小程序了！你是不是也很期待，这个用来装小程序的文件夹能早日被塞满呢？

△ 找到你的专属文件夹，对文件进行命名，点击"保存"按钮。

思维导图大盘点

让我们画一画思维导图，复习一下今天的编程任务是如何完成的吧。

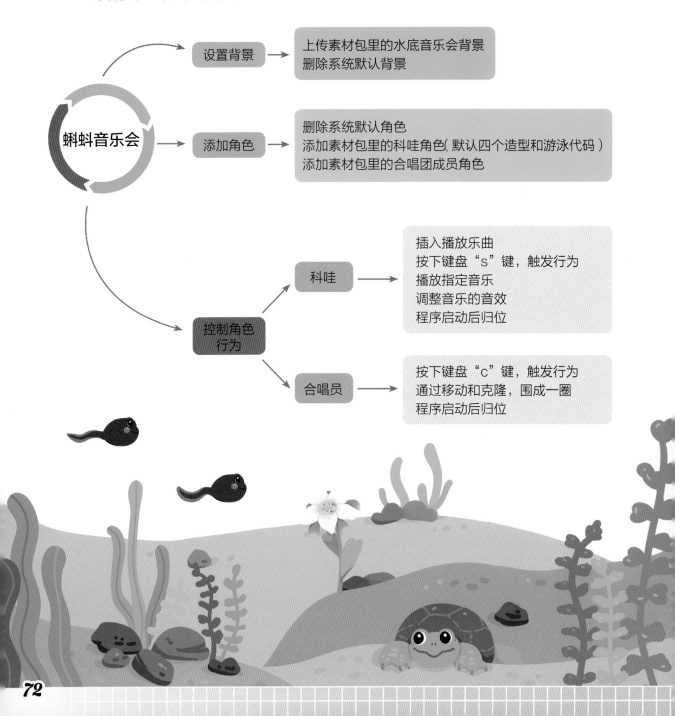

蝌蚪音乐会

设置背景 → 上传素材包里的水底音乐会背景
删除系统默认背景

添加角色 → 删除系统默认角色
添加素材包里的科哇角色（默认四个造型和游泳代码）
添加素材包里的合唱团成员角色

控制角色行为

科哇 → 插入播放乐曲
按下键盘"s"键，触发行为
播放指定音乐
调整音乐的音效
程序启动后归位

合唱员 → 按下键盘"c"键，触发行为
通过移动和克隆，围成一圈
程序启动后归位

🐾 挑战新任务

通过本次任务，我们学会了运用声音，犹如打开了一扇新世界的大门。现在，让我们运用 Scratch 系统自带的素材进行编程。

新任务的目标是：设计一个农场，点击不同的动物，会发出对应的叫声。

Scratch 的素材库非常丰富，农场的背景、不同动物的角色和声音，都可以找到！

▽ 在 Scratch 界面右下方的背景区，点击"选择一个背景"图标。打开默认背景库，搜索"farm"，选择自己喜欢的背景图片。

在 Scratch 界面右下方找到角色区，点击"选择一个角色"图标，打开默认角色库，点击"动物"标签，然后选择几个自己喜欢的动物角色。特别值得一提的是，这里的动物角色已经嵌入了声音素材呢！当你切换到"声音"选项卡，就会"看到"它的叫声音频啦！

现在，请你开动脑筋，想一想究竟要运用哪些积木，才能让不同动物发出不同的叫声，形成一个热闹的农场呢？

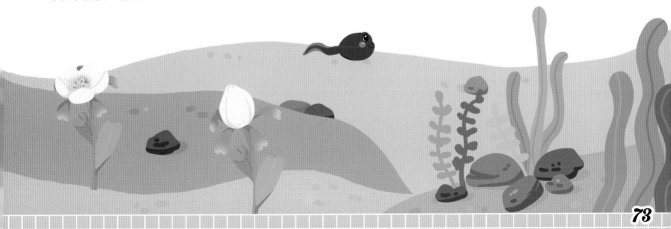

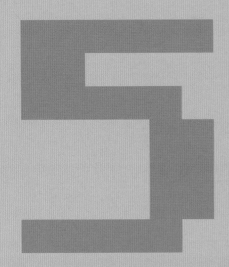

获取新线索

解锁新技能

🔓 停止角色的动作行为

🔓 展示角色思考内容

🔓 实现角色的语音对话

🔓 改变角色的大小

音乐会结束后，蝌蚪伙伴们要继续出发去寻找妈妈了，科哇不得不跟它们告别了。看着小伙伴们越游越远，科哇的心中不禁产生了疑问："我的妈妈在哪儿呢？"

　　科哇游到池塘的水面，看到了一幅幅温馨的画面．水鸟妈妈飞来飞去，寻找食物，水鸟宝宝在窝里嗷嗷待哺；还有一群调皮的小鸭子，跟着鸭妈妈一路嘎嘎地欢叫，别提多热闹了！科哇不禁羡慕地说："有妈妈可真好呀！"

　　科哇沮丧地潜回了水底，遇到了慈祥的乌龟爷爷。乌龟爷爷问："孩子，你怎么不开心呀？"科哇垂头丧气地说："大家都有自己的妈妈，我却不知道妈妈是谁。"乌龟爷爷笑着说："你的妈妈呀……嘴巴宽宽的……"

　　还不等乌龟爷爷把话说完，科哇就像离弦的箭一样游走了。它扭着脑袋说："乌龟爷爷，谢谢您！我要去找我的妈妈啦！"

👑 领取任务

不知不觉间，科哇已经长出了两条后腿。这只逐渐成长的小蝌蚪，也想要像自己的同伴一样去寻找妈妈。不过，它的寻亲之旅，刚一开始就闹了笑话：误把一条小鱼当成了妈妈……幸运的是，科哇从小鱼那里收获了一条新线索。让我们用 Scratch 来演绎整个故事剧情吧。

首先，要让科哇和小鱼相遇。

然后，我们要让它们聊一聊，只有多沟通，才能消除误会，找到新线索。

最后，科哇继续踏上旅程，小鱼也忙自己的事情去了……

现在，就让我们开启这全新的挑战吧！

👑 一步一步学编程

1 做好准备工作

又到了我们通过 Scratch 与电脑交流的时刻了！之前，我们已经编写了四个小程序。有了这些经验，你一定能把本次任务完成得很顺利！

资源下载

本次学习中，我们需要的素材都在本书附带的下载资源"案例 5"文件夹中。

其中，"1-5 案例素材"文件夹存放的是编写程序过程中用到的素材；"1-5 拓展素材"文件夹存放的是"挑战新任务"的参考资料；"1-5 获取新线索 .sb3"是工程文件。

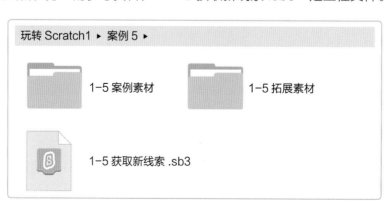

新建项目

现在，我们要为"获取新线索"的故事单独开辟一个"空间"。

如果 Scratch 编辑器刚被启动，它已经为你默认分配了空间，那么我们可以忽略这一步。但如果你刚刚用 Scratch 编写了其他程序，记得先保存好当前的项目，然后点击 Scratch 编辑器中的"文件"菜单，选择"新作品"命令。

删除默认角色

小猫咪仍然需要删除。

在角色区选中"角色1"小猫咪，点击右上角的 🗑 按钮。　▷

现在，全部的准备工作都已经完成啦！让我们开始编写属于自己的程序吧！

2 添加背景与角色

本次的故事仍然发生在熟悉的水底世界，不过，科哇有了新变化——经过一段时间的成长，它已经长出了两条后腿！

添加舞台背景

首先，我们要把空白的舞台替换成美丽的水底世界。

在 Scratch 界面右下方找到背景区，把鼠标指向"选择一个背景"图标，弹出包含四个按钮的菜单，点击"上传背景"按钮。

打开"1-5案例素材"文件夹，选择"背景"图片，点击"打开"按钮。

我们的舞台就布置好啦！不要忘了删除默认背景。

切换到左侧的"背景"选项卡，选中默认背景"背景1"，点击右上角的 🗑 按钮。　▷

添加角色

在 Scratch 界面右下方找到角色区，把鼠标指向"选择一个角色"图标，弹出包含四个按钮的菜单，点击"上传角色"按钮。

从现在开始，伴随我们进行编程探索的，是已经长出后腿的科哇。

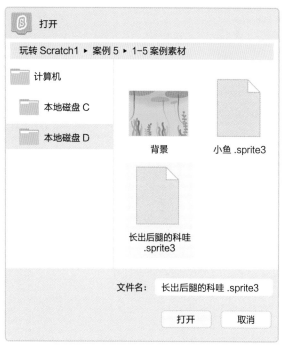

△ 参考上面的步骤，选择"小鱼 .sprite3"
并添加小鱼角色。

△ 打开"1-5 案例素材"文件夹，选择"长出
后腿的科哇 .sprite3"并点击"打开"按钮。

3 设计与实现

科哇跟乌龟爷爷告别后，急匆匆地出发了。它遇到了一条小鱼，就以为自己找到妈妈了。一番对话之后，科哇才发现这是个误会……这段情节，该如何用 Scratch 来演绎呢？别着急，我们要做的第一件事，依然是进行逻辑分析。

【故事逻辑和情节分析】

⚙ 【情节 1】科哇和小鱼不断游动，直至相遇。

⚙ 【情节 2】科哇错把小鱼当成了妈妈，一番对话后，才解除了误会。

⚙ 【情节 3】科哇与小鱼分别，各自游去，身影越变越小。

【情节1】科哇和小鱼不断游动，直至相遇。

科哇靠近小鱼

科哇在靠近小鱼的过程中，位置不断变化，并且始终处于游动状态。

我们导入的"长出后腿的科哇"角色本身能够变换造型，实现游动效果。所以我们只需编程实现相遇的过程。

先设定科哇向前游动的触发事件。

在角色区点选"长出后腿的科哇"角色，在"事件"类积木中点击 当▕▎被点击 ，拖到脚本区。如果脚本区出现了科哇的图片就说明你正在为科哇编写代码，设计动作。

还记得我们之前学习过"设定角色的初始位置"吗？现在，我们来设置科哇的初始位置。

▽ 在"运动"类积木中点击 移到 x: 0 y: 0 ，拖到脚本区拼接好，
修改数值为 移到 x: -210 y: -110 。

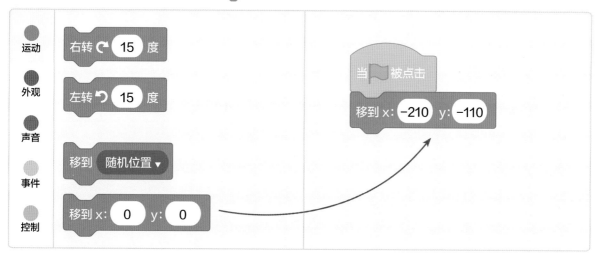

这个是靠近舞台左下角的位置。当然，你也可以把其他位置设定为初始位置，但是要确保有足够距离让它和小鱼游动并相遇。把科哇拖到你喜欢的位置，记下这个起点的坐标值，再把它代入积木就可以了。

接下来，我们要设定科哇的停止位置。跟起始位置一样，你也可以自己设定停止位置。只需要记住那个位置的坐标值，再把它代入积木就可以了。

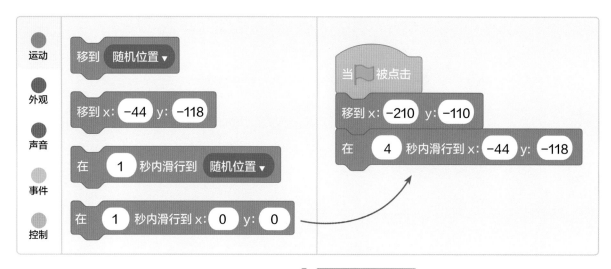

⚠ 在"运动"类积木中点击并拖动 在 1 秒内滑行到x: 0 y: 0 到脚本区,拼接到起始
位置积木的下方,修改数值为 在 4 秒内滑行到x: -44 y: -118 。

接下来设置科哇停留时的造型。

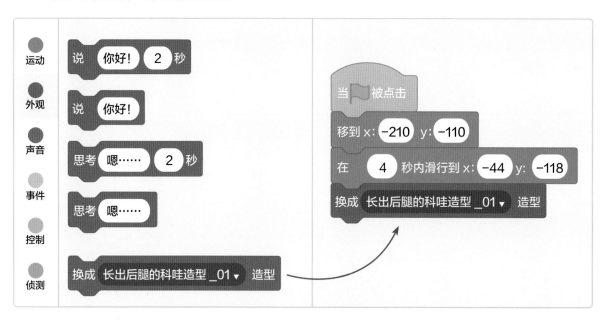

⚠ 在"外观"类积木中点击并拖动 换成 长出后腿的科哇造型 _01 ▼ 造型 到脚本区,拼接到
在 4 秒内滑行到x: -44 y: -118 下方。

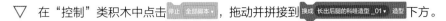

▽　在"控制"类积木中点击 停止 全部脚本▾ ，拖动并拼接到 换成 长出后腿的科哇造型_01▾ 造型 下方。

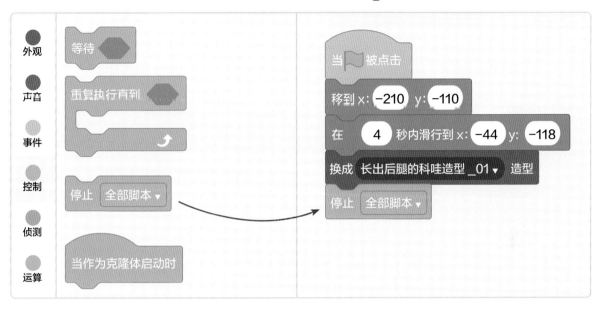

为什么需要 停止 全部脚本▾ 呢？如果没有这个积木，运行程序后会发现，科哇游到指定位置后一直是摆动尾巴的游泳姿势。是不是很奇怪？如果增加这个积木，运行看看是什么效果吧？

这就是我们今天收集到的第一个"编程秘诀"——停止全部脚本。

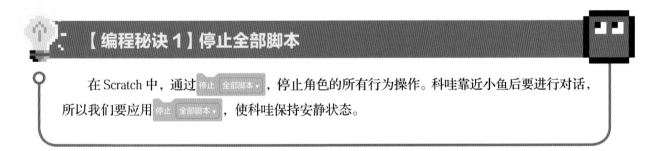

【编程秘诀 1】停止全部脚本

在 Scratch 中，通过 停止 全部脚本▾ ，停止角色的所有行为操作。科哇靠近小鱼后要进行对话，所以我们要应用 停止 全部脚本▾ ，使科哇保持安静状态。

小鱼靠近科哇

先设定小鱼游动的触发事件。选中角色区的"小鱼"角色，在"事件"类积木中点击 当▣被点击 ，拖到脚本区。

再设置小鱼的初始位置。在"运动"类积木中点击 移到 x: 0 y: 0 ，拖到脚本区拼接好，修改数值为 移到 x: 160 y: -120 ，位置靠近屏幕右下角。

81

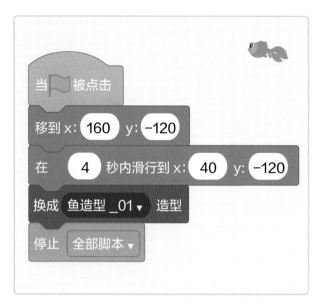

△ 小鱼靠近科哇的过程中，位置
和造型的变化的脚本

设定小鱼的停止位置。在"运动"类积木中点击 在 1 秒内滑行到 x: 0 y: 0 ，拖到脚本区。为了给科哇一些观察和思考的时间，这里的时间数值改为4，至于坐标数值则改为40和-120，然后拼接到 移到 x: 160 y: -120 下方。

设定小鱼停留时的造型。在"外观"类积木中点击 换成 鱼造型_01▼ 造型 ，拖动并拼接到 在 4 秒内滑行到 x: 40 y: -120 下方。

最后，停止小鱼行为。在"控制"类积木中点击 停止 全部脚本▼ ，拖动并拼接到 换成 鱼造型_01▼ 造型 下方。

【情节2】科哇错把小鱼当成了妈妈，一番对话后，才解除了误会。

【想一想】
科哇错把小鱼当成了妈妈，并且发生了一系列对话。
要想让科哇和小鱼这两位"演员"对话，我们先得编写"剧本"。设想一下：科哇与小鱼具体说了些什么？如果用键盘来操控，你准备选择哪些按键作为"触发开关"？

对话情节与内容	角色	键盘控制
科哇思考：我的妈妈是宽嘴巴，这应该就是我的妈妈。并且激动地喊道："妈妈。"	科哇	按下"0"键
小鱼思考：小蝌蚪找错妈妈了。对科哇说："我不是你的妈妈。"	小鱼	按下"1"键

"可是您有宽嘴巴,我的妈妈就是这个样子的。"	科哇	按下"2"键
"你妈妈有两只大眼睛,披着绿衣裳。"	小鱼	按下"3"键
科哇思考:我的妈妈究竟在哪里呢? 问小鱼: "您知道我的妈妈在哪里吗?"	科哇	按下"4"键
"你妈妈就在前面的荷花池中。"	小鱼	按下"5"键
"谢谢您,我要找妈妈去了。"	科哇	按下"6"键

按下"0"键——科哇进行思考并开口叫妈妈

先把"0"键设置为科哇讲话的触发事件。

【小贴士】

因为对话的过程有先后顺序,我们应该依次按下键盘"0"~"6"键。

点选角色区的"长出后腿的科哇"角色,在"事件"类积木中点击 ,拖到脚本区,把积木上的"空格"键修改为"0"键。▷

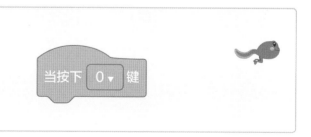

让科哇开始思考吧。

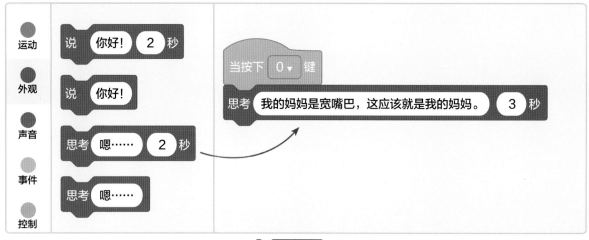

△　在"外观"类积木中点击 思考 嗯…… 2 秒，拖到脚本区拼接好，把内容文字修改
为"我的妈妈是宽嘴巴，这应该就是我的妈妈。"时间数值修改为 3。

角色的想法，可以用文字的形式呈现出来，这种展示的方式像不像漫画呢？

这个诀窍就是我们今天收集到的第二个"编程秘诀"——角色思考。

【编程秘诀 2】角色思考

角色通过文本对话框来显示思考的内容。积木 思考 嗯…… 可以呈现角色所思考的内容；而
积木 思考 嗯…… 2 秒 则能够在指定时间内呈现角色所思考的内容。

怎么让科哇开口叫妈妈呢？

录制声音。选择"声音"选项卡，鼠标
指向屏幕左下方的"选择一个声音"图标，
在弹出的四个按钮中点击"录制"按钮。　▷

在弹出的对话框中，点击"录制"按钮进行录音。

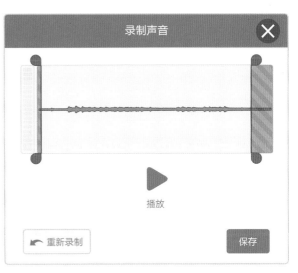

播放声音，听一下效果。如果不满意，点击"重新录制"按钮；如果满意，点击"保存"按钮。

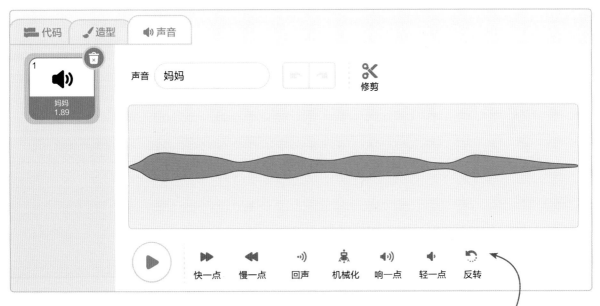

通过"快一点""慢一点""响一点""轻一点"等按钮，对音频进行编辑。

参考上面的步骤，完成"剧本"中所需要的全部录音。每一段录音的标题最好与"剧本"台词一致，方便我们准确地添加它。

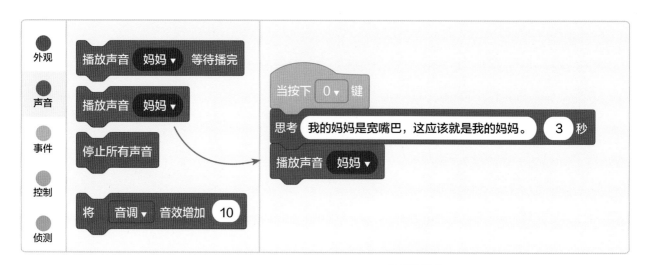

切换到"代码"选项卡，在"声音"类积木中点击 播放声音 妈妈 ，拖到脚本区，把声音修改为"剧本"中所对应的录音，并拼接到 思考 我的妈妈是宽嘴巴，这应该就是我的妈妈。 3 秒 下方。

科哇和小鱼的一系列对话都将通过 Scratch 的编程魔法实现，而这也正是我们今天收集到的第三个"编程秘诀"——语音对话。

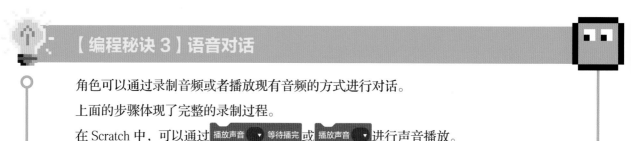

【编程秘诀 3】语音对话

角色可以通过录制音频或者播放现有音频的方式进行对话。

上面的步骤体现了完整的录制过程。

在 Scratch 中，可以通过 播放声音 ▼ 等待播完 或 播放声音 ▼ 进行声音播放。

按下"1"键——小鱼否认自己是科哇的妈妈

把"1"键设置为小鱼讲话的触发事件。

点选角色区的"小鱼"角色，在"事件"类积木中点击 当按下 空格 ▼ 键 ，拖到脚本区，把"空格"键修改为"1"键。

参考科哇的思考过程，让小鱼进行思考。

▽　在"外观"类积木中点击 思考 嗯…… 2 秒 ，拖到脚本区拼接好，把文字修改
为"小蝌蚪找错妈妈了。"

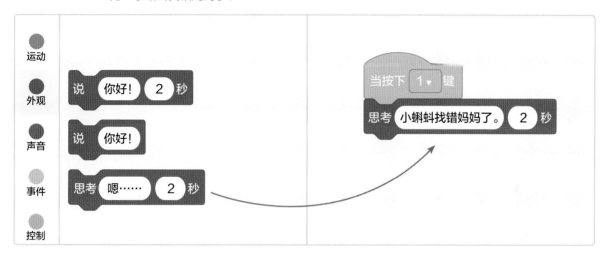

在思考之后，小鱼要开口说话了！

▽　在"声音"类积木中点击 播放声音 我不是你的妈妈▼ ，拖到脚本区，把声音修改为"剧本"
中对应的录音，拼接到 思考 小蝌蚪找错妈妈了。 2 秒 下方。

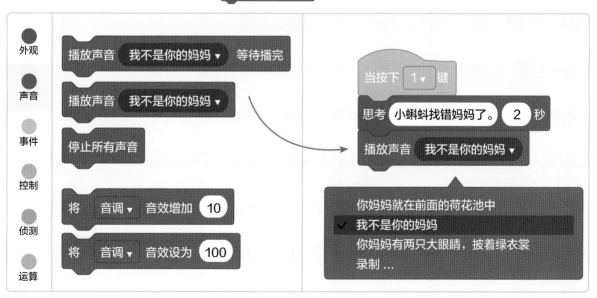

87

按下"2"键——科哇说话

参考前面的程序，我们要把"2"键设置为触发"开关"，让科哇开口说话。小朋友，咱们现在故事主角切换到"科哇"了，别忘了切换角色。

选中角色区的"长出后腿的科哇"角色，在"事件"类积木中点击 当按下 空格 键，拖到脚本区，把"空格"键修改为"2"键。 ▷

▽ 在"声音"类积木中点击 播放声音 妈妈，拖到脚本区，把声音修改为"剧本"中对应的录音，拼接到 当按下 2 键 下方。

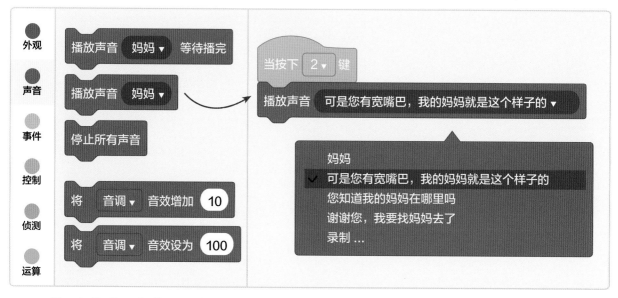

按下"3""4""5""6"键——其他对话

参考上面的程序，当我们按下"3""4""5""6"键时，谁来思考或对话，积木如何拼接？

按下"3"键，小鱼说："你妈妈有两只大眼睛，披着绿衣裳。" ▷

按下"4"键，科哇进行思考，并提问："您知道我的妈妈在哪里吗？"

当按下"5"键时，小鱼给科哇提供了新线索："你妈妈就在前面的荷花池中。"

当按下"6"键时，科哇向小鱼道谢："谢谢您，我要找妈妈去了。"

【小贴士】

小朋友，一定要仔细观察这些代码旁边的角色图片。它们能够帮你判断是否给角色赋予了正确的积木指令和对应的行为。

按下"1""3""5"键，对应的是小鱼的操作；按下"0""2""4""6"键，对应的是科哇的操作。你做对了吗？

【情节3】科哇与小鱼分别，各自游去，身影越变越小。

按下空格键，科哇游开了

设置科哇继续向前游的触发事件。

点选角色区的"长出后腿的科哇"，在"事件"类积木中点击 当按下 空格▼ 键，拖到脚本区。 ▷

科哇继续往前移动。

▽ 在"运动"类积木中，点击 在 1 秒内滑行到 x: 0 y: 0，拖到脚本区，把1秒修改为3秒，同时修改 x 值为 0，y 值为 -60，拼接到 当按下 空格▼ 键 下方。

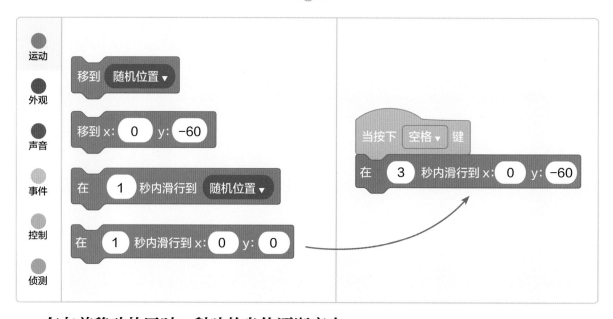

在向前移动的同时，科哇的身体逐渐变小

随着科哇越游越远，身影也越来越小，直至"消失"。这就需要在调整科哇位置的同时，把它的尺寸不断调小。所以，我们要交替使用"外观"类指令（调整尺寸）和"运动"类指令（调整位置）。

（1）在"外观"类积木中点击 ，拖到脚本区，修改数值为 –8，拼接到
在 3 秒内滑行到 x: 0 y: -60 下方。

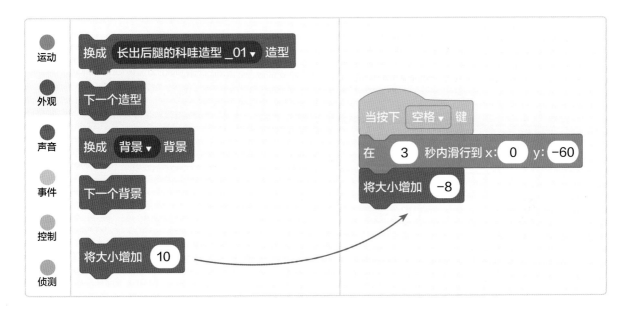

（2）在"运动"类积木中点击并拖动
在 1 秒内滑行到 x: 0 y: 0，拼接到脚本区上一积
木的下方，秒数改为 5，x 值改为 120，y 值
改为 –30。

（3）在"外观" 类积木中点击并拖动
将大小增加 10，拼接到脚本区上一积木的下方，
数值改为 –10。

（4）在"运动"类积木中点击并拖动
在 1 秒内滑行到 x: 0 y: 0，拼接到脚本区上一积
木的下方，秒数改为 8，x 值改为 240，y 值
改为 –20。

（5）在"外观" 类积木中点击并拖动
将大小增加 10，拼接到脚本区上一积木的下方，
数值改为 –15。

科哇越游越远的完整脚本 ▷

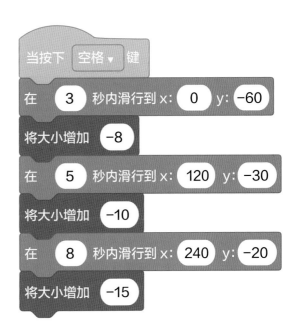

按下空格键，小鱼越游越远，身影越来越小

参考对科哇的设置，我们也让小鱼越游越远，身影越来越小，直至最后"消失"。

△ 小鱼越游越远的完整脚本

（1）设定小鱼继续前行的触发事件。选中角色区中的"小鱼"角色，在"事件"类积木中找到 当按下 空格▾ 键 ，拖到脚本区。

（2）在"运动"类积木中点击并拖动 在 1 秒内滑行到 x: 0 y: 0 ，拼接到脚本区上一积木的下方，秒数改为 3，x 值改为 0，y 值改为 -90。

（3）在"外观" 类积木中点击并拖动 将大小增加 10 ，拼接到脚本区上一积木的下方，数值改为 -3。

（4）在"运动"类积木中点击并拖动 在 1 秒内滑行到 x: 0 y: 0 ，拼接到脚本区上一积木的下方，秒数改为 5，x 值改为 -100，y 值改为 -60。

（5）在"外观" 类积木中点击并拖动 将大小增加 10 ，拼接到脚本区上一积木的下方，数值改为 -5。

（6）在"运动"类积木中点击并拖动 在 1 秒内滑行到 x: 0 y: 0 ，拼接到脚本区上一积木的下方，秒数改为 8，x 值改为 -240，y 值改为 -120。

（7）在"外观" 类积木中点击并拖动 将大小增加 10 ，拼接到脚本区上一积木的下方，数值改为 -8。

在这里，我们收集到了今天的第四个"编程秘诀"——角色大小修改。

【编程秘诀 4】角色大小修改

可以通过 将大小设为 100 和 将大小增加 10 来修改角色的大小。 将大小设为 100 可以将角色的大小直接设定为具体数值； 将大小增加 10 中的数值可以是正数或负数，正数将角色变大，负数将角色变小。

🐟 运行与优化

1 程序运行试试看

打开程序，让我们看看科哇和小鱼之间发生了怎样的故事吧！

（1）点击 🏳 按钮，启动游戏，科哇和小鱼分别从屏幕左右两侧相对游动，并停留在屏幕居中的位置。

（2）依次按下键盘中的"0"~"6"键，科哇和小鱼演绎了沟通与对话过程，科哇获得了新线索。

（3）按下空格键，科哇与小鱼继续前行，身影越变越小。

2 作品优化与调试

当对话结束，按下空格键之后，科哇和小鱼就分别了。但是我们发现，它们仅仅是在移动，没有"游动"——它们的动态游动效果不见了！这是怎么回事呢？

检查一下前面的代码，我们会发现：在科哇和小鱼静止对话的过程中，我们使用了积木 停止 全部脚本 ▾ 。

看来，我们还需要在按下空格键的同时，重新启动游动的相关代码。

游动是通过重复执行 重复执行 ⟳ 、切换造型 下一个造型 、使造型保持一定时间 等待 1 秒 来完成的。不要忘记为科哇和小鱼都增加这部分代码哟！

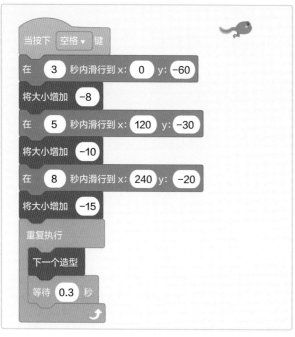

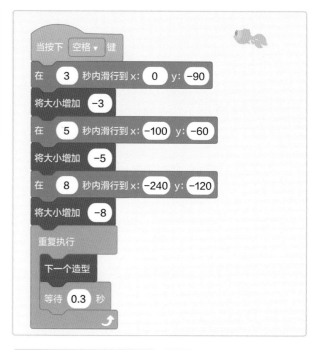

如果再次运行程序，你会发现科哇和小鱼变得很小，我们要借助 Scratch 魔法让它们恢复原貌。

找到科哇和小鱼在游戏启动后就游动的代码，在"外观"类积木中点击 将大小设为 100 ，拖到脚本区，将数值修改为 15，拼接在 当▶被点击 下方。

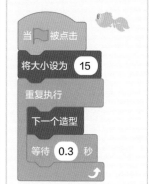

现在，每次程序启动后科哇和小鱼都能保持最初的大小啦！

3 让保存成为习惯

用来装小程序的专属文件夹，迎来了第五个小程序！

点击"文件"菜单，点击"保存到电脑"命令。找到你的专属文件夹，对文件进行命名，点击"保存"按钮。

如果你忘记如何操作，可以查看之前学习的相关内容哟。

思维导图大盘点

本次的程序，虽然看起来复杂，但其实应用到的新积木并不多。现在就让我们通过思维导图，回顾一下所学的内容吧。

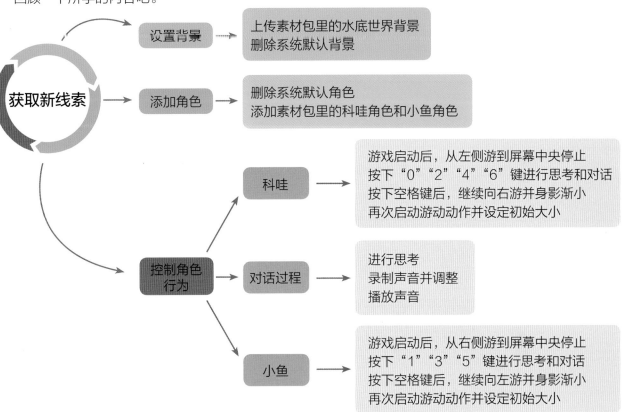

挑战新任务

本次任务，我们学会了用程序展现对话，还学会了随着距离的变化，角色的尺寸大小也随之变化。现在，让我们根据所学的内容，运用 Scratch 系统自带的素材来设计程序吧。

我们的目标是：展现两只恐龙赛跑，然后通过对话交流经验的场景。

在 Scratch 角色库的"动物"类中，选择你喜欢的恐龙角色；在 Scratch 背景库中选择合适的图，为故事布置好场景。然后，发挥想象，为两只恐龙设定有趣的对话吧！

星光照耀

解锁新技能
🔓 设置画笔的颜色与粗细
🔓 指定位置的线条绘制

科哇从小鱼那里得到了新线索，立刻动身去找妈妈了。它那小小的身体不停地游啊游啊，不知疲惫，日夜兼程……

　　夜幕降临了，星星在天上眨着眼，好奇地看着这个小家伙。科哇也抬起了头，看向了满天的繁星。它不禁发出了疑问："妈妈，你在哪儿呢？"

　　科哇太累了，渐渐进入了梦乡。恍惚间，它仿佛又听到了那个温柔的声音："孩子，快睡吧……"曾几何时，正是这个声音教会了科哇游泳。科哇现在明白了，那是镌刻在自己记忆里的声音，是妈妈留给自己最宝贵的财富。

　　在甜美的梦中，天上的星星变成了画笔，在夜空中画出了一颗大大的"爱心"。那是妈妈送给科哇的礼物，代表着无尽的爱。科哇开心极了，它的身体仿佛长出了翅膀，飞向了浩瀚的星空……

领取任务

妈妈的爱，就犹如夜空中的星星，虽然遥远，却一直在为科哇闪烁。科哇看着满天的繁星，渐渐进入了甜蜜的梦乡。它在梦里义无反顾地飞向星空，对着星星大喊："妈妈！我一定会找到你的。"

这个美丽的梦，坚定了科哇寻找妈妈的信念，让我们快用 Scratch 帮科哇描绘出来吧。

首先，夜晚的天空中群星闪烁。

然后，有一颗星星好像神奇的画笔一样，在夜空中飞来飞去，把一颗又一颗的星星连成线，画出了一个大大的"爱心"。

最后，科哇奔向了最美的那颗星星。

在本次任务中，我们将运用 Scratch 的"画笔"指令，学习绘制图形。

一步一步学编程

1 做好准备工作

经过之前的学习，相信你已经对准备步骤驾轻就熟啦！

资源下载

本次学习中，我们需要的素材都在本书附带的下载资源"案例 6"文件夹中。

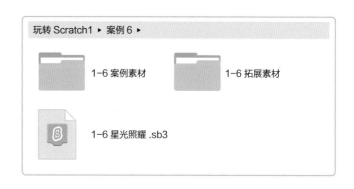

其中，"1-6 案例素材"文件夹存放的是编写程序过程中用到的素材；"1-6 拓展素材"文件夹存放的是"挑战新任务"的参考材料；"1-6 星光照耀 .sb3"是工程文件。

新建项目

让我们为新故事开辟一个"空间"。点击 Scratch 编辑器中的"文件"菜单，点击"新作品"命令。如果你此前正在创作程序，记得首先要保存当前的项目，再新建项目哟。

删除默认角色

小猫咪再次登场，我们仍然需要把它删除。

在角色区选中"角色 1"小猫咪，点击右上角的  按钮。

2 添加背景与角色

故事中，科哇独自仰望星空，逐渐进入梦乡。所以，背景是星空，角色是科哇。还记得吗？此时的科哇已经不再是小蝌蚪，它已经长出两条健壮的后腿啦！

添加舞台背景

首先我们要把空白舞台替换成夜晚的星空。

在 Scratch 界面右下方找到背景区，把鼠标指向"选择一个背景"图标，弹出包含四个按钮的菜单，点击"上传背景"按钮。

打开"1-6 案例素材"文件夹，选择"背景"图片，点击"打开"按钮，打开背景图片。星光璀璨的夜空就布置好了！

别忘了把默认背景删掉哟！切换到左侧的"背景"选项卡，选中默认背景"背景 1"，点击右上角的 按钮。

如果你忘记如何操作，可以查看前面的学习内容。

添加角色

这个故事中的"角色"包括星星和科哇。

需要注意的是：在这次编程任务中出现的星星分为两种。一种是画笔星星，它只有一颗，会移动，移动的过程会画出轨迹；另一种是普通星星，共有五颗，不会动，但是有忽闪忽闪的动态效果。

由于普通星星的"动作"一致，所需要的积木也相同，所以我们在添加角色的时候，只需要添加一颗普通星星，之后再复制它就可以了。

在 Scratch 界面右下方找到角色区，把鼠标指向"选择一个角色"图标，弹出包含四个按钮的菜单，点击"上传角色"按钮。

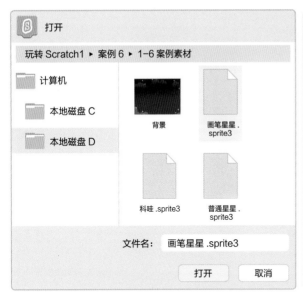

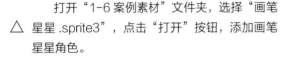

△　打开"1-6 案例素材"文件夹，选择"画笔星星 .sprite3"，点击"打开"按钮，添加画笔星星角色。

△　参考上面的步骤，添加"普通星星 .sprite3"和 "科哇 .sprite3"，并将科哇放置到舞台的左下角。

3 设计与实现

　　我们已经把美丽的星空作为舞台，也拥有了画笔星星和普通星星，现在轮到 Scratch 大显身手了！让我们把星星连接起来，勾勒出心形图案，再把科哇飞向星空的过程展示出来。如何一条线、一条线地将闪烁的星星勾勒成心形呢？这就需要一些逻辑思维了！

【故事逻辑和情节分析】

⚙【情节 1】美丽的夜空，群星闪烁。

⚙【情节 2】画笔星星依次经过各个星星，最终勾勒出心形图案。

⚙【情节 3】点击科哇后，它飞向最美丽的一颗星星。

【情节 1】美丽的夜空，群星闪烁。

　　当程序启动后，夜空中的星星眨起了眼睛。不论是画笔星星还是普通星星，都处于不断闪烁的状态。

画笔星星闪烁

首先要启动画笔星星。

点选角色区的"画笔星星"角色,在"事件"类积木中点击 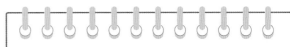 ,拖到脚本区。 ▽

【小贴士】

画笔星星有一圈光芒而且中间是红色的,普通星星没有光芒而且中间是蓝色的,找到这个小秘密,你就不会弄混普通星星和画笔星星啦!

星星的闪烁,是通过反复地变换造型来实现的。

▷

在"控制"类积木中点击 ,拖到脚本区拼接好。

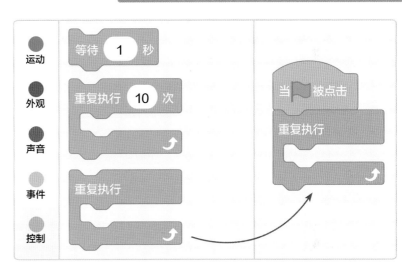

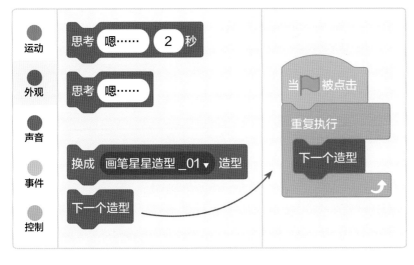

◁

在"外观"类积木中点击 ,拖到重复执行积木的里面,让造型反复变换。

▽ 为了让闪烁的效果更加明显，在"控制"类积木中点击 等待 1 秒 ，拖动并拼接在 下一个造型 下方，把数值修改为 0.8。

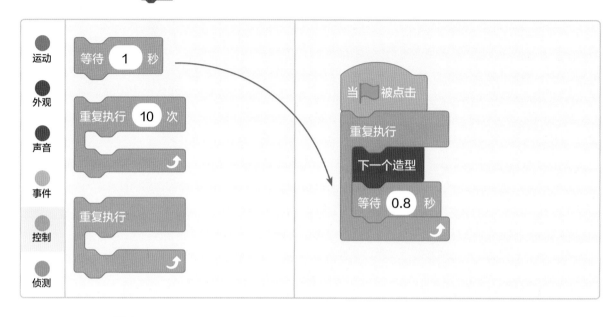

现在，点击 ▶ 按钮试试看，画笔星星是不是闪烁起来了？

普通星星闪烁

点选角色区的"普通星星"角色，在"事件"类积木中点击 当 ▶ 被点击 ，拖到脚本区。

普通星星变换造型。在"控制"类积木中点击 重复执行 ↻ ，拖到脚本区拼接好；将"外观"类积木 下一个造型 和"控制"类积木 等待 0.8 秒 塞到 重复执行 的"肚子"里面。

▷

点击 ▶ 按钮试试看，普通星星是不是也闪烁起来了呢？

普通星星的角色复制

我们已经成功地让一颗普通星星闪烁了起来，通过角色复制的方法，能够创造出更多会闪烁的星星。在这个故事中，我们还需要添加四颗普通星星。

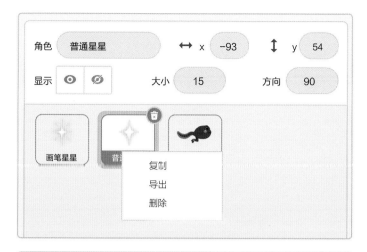

选中角色区的"普通星星"角色，右键点击"复制"命令，就能轻松地复制它了。

重复上述操作，得到普通星星 2、普通星星 3、普通星星 4、普通星星 5。

把星星摆成心形

在舞台区，用鼠标拖动这些星星，摆出心形。

【情节 2】画笔星星依次经过各个星星，最终勾勒出心形图案。

按下空格键后，画笔星星将按照逆时针方向经过各个普通星星，最终，画笔的轨迹绘制出心形。

把空格键设定为画笔星星的触发事件

点选角色区的"画笔星星"角色，在"事件"类积木中点击 当按下 空格 键 ，拖到脚本区。

设置画笔

▽ 先调出画笔。点击页面左下角的"添加扩展"图标 ▭ ，再点击"画笔"。

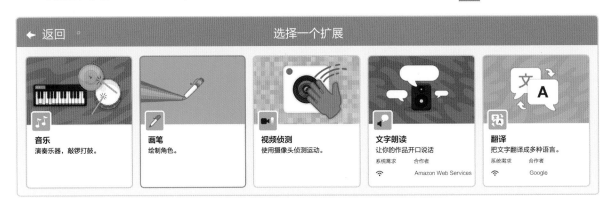

▽ 在"画笔"类积木中点击 ✏将笔的颜色设为 ◯ 和 ✏将笔的粗细设为 ①，拖到脚本区，把笔的颜色修改为粉色，笔的粗细设置为 2，再把这两个积木拼接到 当按下 空格▾ 键 下方。

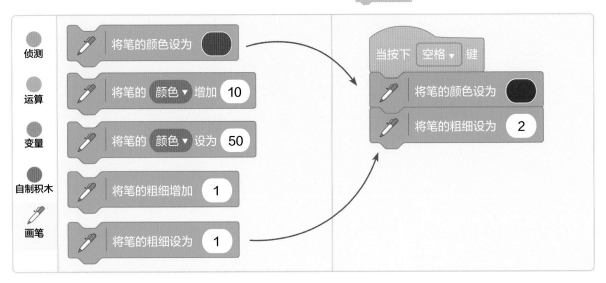

这一步，我们收集到了第一个"编程秘诀"——画笔设置。

【编程秘诀 1】画笔设置

如果你想在 Scratch 中绘制图形，画笔是必不可少的工具。在运用画笔之前，你需要对画笔的基本属性做设定，比如画笔的颜色、线条的粗细程度等，这一步是通过"画笔"类积木 ✏将笔的颜色设为 ◯ 和 ✏将笔的粗细设为 ① 来实现的。

图形绘制

【想一想】
怎样才能勾勒出心形呢?
让画笔星星沿着路径 1~6,依次经过五颗普通星星,再回到出发时的位置,就可以画出心形了! ▷

先来完成从画笔星星到第一颗普通星星的绘制。

▽ 在"画笔"类积木中点击 ✏ 落笔,拖动并拼接到 ✏ 将笔的粗细设为 2 下方。
在"运动"类积木中点击 移到 随机位置▼,拖到脚本区,在下拉列表中选择"普通星星",拼接到 ✏ 落笔 下方。

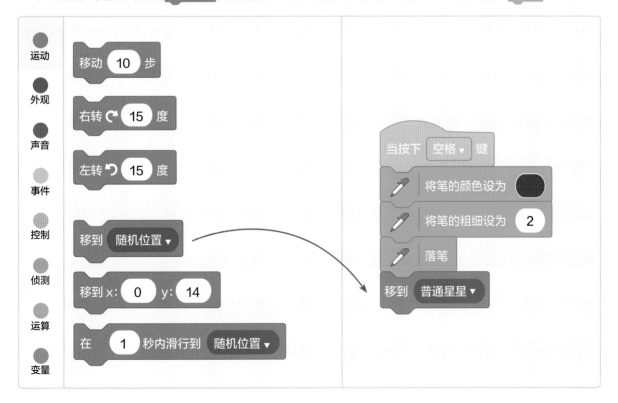

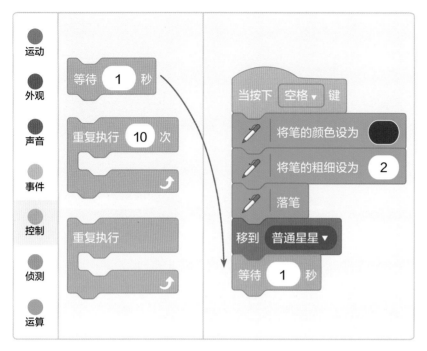

在完成第一个线条之后，我们最好留出一点儿间隔的时间，再进行下一步的绘制。在"控制"类积木中点击 等待 1 秒，拖动并拼接到 移到 普通星星▾ 下方。

参考上面的步骤，让画笔星星依次经过普通星星 2 到普通星星 5，完成积木拼接。

最后要实现画笔从普通星星 5 回到初始位置，完成绘制。

由于不能把画笔星星移动到它自己身上，因此需要记录画笔星星的初始位置。在"运动"类积木中点击并拖动 移到x: 0 y: 0 到脚本区，x 值改为 0，y 值改为 14，拼接到 等待 1 秒 下方。

【小贴士】

为什么要把坐标值修改为 0 和 14 呢？

不一定必须是这个值哟！每一位小朋友拼出的心形都不一样，画笔星星的位置自然也不一样。只要你记好"画笔星星"的初始坐标，修改为一样的坐标值就可以了。

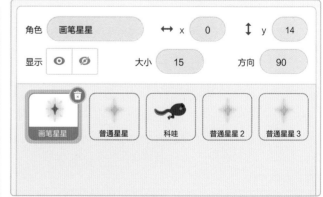

▽   在"画笔"类积木中点击 ，拖动并拼接在积木最下方。

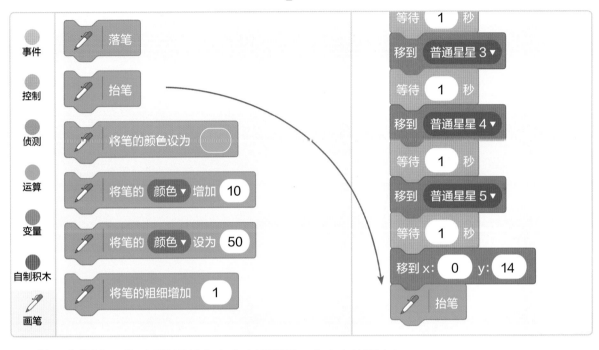

按下空格键，看！画笔星星在夜空中画出了一个大大的爱心！

帮助画笔回到初始位置

经过刚才的操作，我们完成了在抬笔之前将画笔送回到初始位置。其实，每次程序启动的时候，都需要将画笔送回到初始位置。

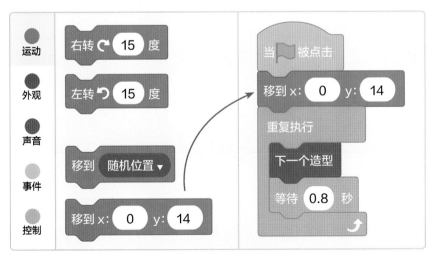

◁

找到画笔星星闪烁的积木组，将 移到x: 0 y: 14 拼接在 当 被点击 下面。

这样，每次启动程序，画笔星星都会重新回到设定好的位置了。

6 星光照耀

在这一步中，我们收集到了第二个"编程秘诀"——画笔绘制。

【编程秘诀 2】画笔绘制

在 Scratch 中，我们通过设置画笔的绘制路径，来进行绘制。在 🖊 落笔 和 🖊 抬笔 之间，用 移到 随机位置▼ 来设置路径。

其中随机位置可以修改为不同的角色，当我们确定了一系列角色位置后，就可以绘制经过指定位置的线条，并构成特定图形了。

【情节 3】点击科哇后，它飞向最美丽的一颗星星。

帮助科哇找到方向

点选角色区的"科哇"角色，找到"方向"一栏。然后找到最美丽的星星——画笔星星，根据科哇与星星的位置关系，修改角度，让科哇面朝那颗星。

设定触发"开关"

在"事件"类积木中点击 ▷ 当角色被点击，拖到脚本区。

108

让科哇"飞向星空"

▽ 在"运动"类积木中点击  ，拖动并拼接到下方，把"随机位置"修改为"画笔星星"，再把 1 修改为 10。

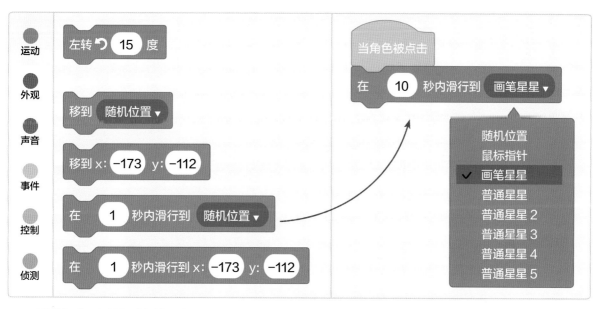

让科哇回到初始位置

点击科哇后，你会发现，科哇飞上星空之后，就不会再"回来"了。不论怎样重新启动程序，科哇都不会回到舞台左下角了！现在，我们就来解决这个小问题。

◁ 点选角色区中的"科哇"角色，把它拖到舞台左下角，记录它的坐标，也就是 x 值与 y 值。

在"事件"类积木中点击 ，拖到脚本区。

在"运动"类积木中点击 移到 x: -173 y: -112 ，拖到脚本区 ▷ 拼接在 的下方。你发现了吗？积木里的坐标数值已经变成我们记录的初始位置的坐标值了！

这样，每次启动程序，科哇都会重新回到设定好的位置了。

🏆 运行与优化

1️⃣ 程序运行试试看

下面，快运行一下新编好的程序吧！

（1）点击 🚩 按钮，启动游戏，舞台上的六颗星星闪烁不停。

（2）点击空格键，画笔星星逆时针经过五颗普通星星，勾勒出心形轨迹。

（3）点击科哇，科哇向闪烁的画笔星星缓慢移动。

2️⃣ 作品优化与调试

　　我们发现，第一次按下空格键，星星的绘制路径清晰可见。可是在此之后，无论我们按下多少次空格键，它都不会重复绘制了。这是为什么呢？

　　其实，画笔星星不会"偷懒"哟！你每次按下空格键，画笔星星都在忙着连线呢！只不过，它描绘的线条早在程序第一次运行之后就摆在你的面前了，此后的描绘，都是在第一次的基础上进行重复。

　　如果我们想在每次按下空格键之后，画笔星星都能重新绘制路径，这要怎么设置呢？

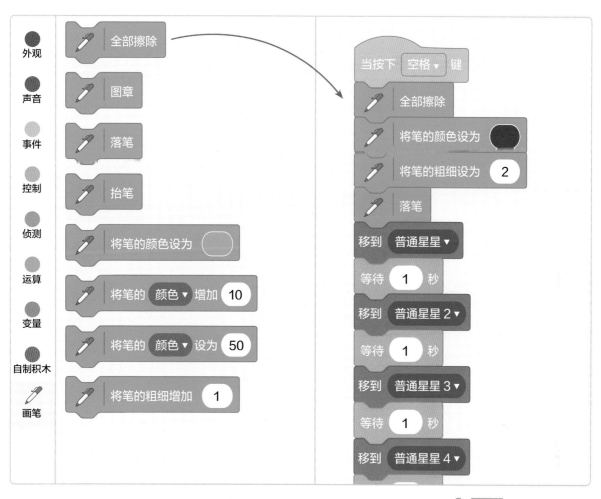

△ 在角色区点选"画笔星星"角色，在"画笔"类积木中点击 ✏️ 全部擦除，拖动并拼接到 当按下 空格 ▼ 键 下方。

在角色区点选"画笔星星"角色，在"事件"类积木中点击 ▶被点击，拖到脚本区，在"画笔"类积木中点击 ✏️ 全部擦除，拖动并拼接在 ▶被点击 下方。 ▷

再次运行程序就会发现，当我们点击 ▶ 按钮，之前绘制的路径被擦除掉了。这样，在重新按下空格键时，就能重新绘制了。

3 让保存成为习惯

别忘了，编好的程序要妥善保存哟！

点击"文件"菜单，选择"保存到电脑"命令。找到你的专属文件夹，对文件进行命名，点击"保存"按钮。

如果你忘记如何操作，可以查看之前学习的相关内容。

🐱 思维导图大盘点

现在，让我们画一画思维导图，复习一下本次的编程任务是如何完成的吧。

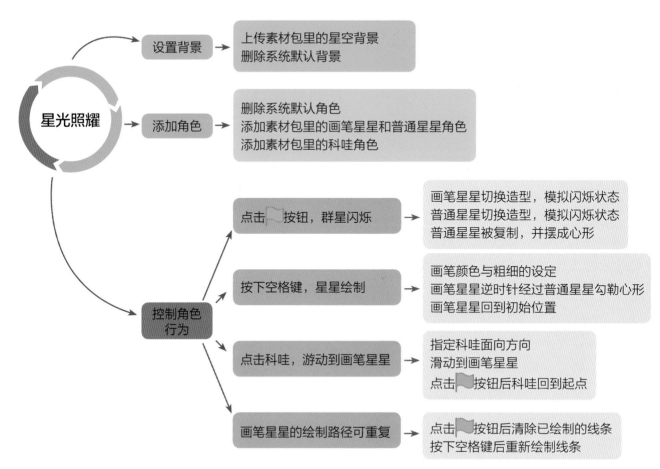

设置背景 → 上传素材包里的星空背景
删除系统默认背景

添加角色 → 删除系统默认角色
添加素材包里的画笔星星和普通星星角色
添加素材包里的科哇角色

星光照耀

控制角色行为

点击 🚩 按钮，群星闪烁 → 画笔星星切换造型，模拟闪烁状态
普通星星切换造型，模拟闪烁状态
普通星星被复制，并摆成心形

按下空格键，星星绘制 → 画笔颜色与粗细的设定
画笔星星逆时针经过普通星星勾勒心形
画笔星星回到初始位置

点击科哇，游动到画笔星星 → 指定科哇面向方向
滑动到画笔星星
点击 🚩 按钮后科哇回到起点

画笔星星的绘制路径可重复 → 点击 🚩 按钮后清除已绘制的线条
按下空格键后重新绘制线条

🖳 挑战新任务

通过今天的学习，你掌握了在 Scratch 中绘制图形的方法。现在，让我们运用 Scratch 系统自带的素材进行编程。

这一次，我们的目标是：绘制一座小房子！

首先，你需要想一想，自己要画一座什么样的房子，并且为它选择一个合适的背景。

▽ 在 Scratch 界面右下方的背景区，点击"选择一个背景"图标。进入"户外"素材库。根据你自己的设想，选择相应的背景。比如，你想画一座农舍，就选择"Farm"（农场），如果你想画一座林中小木屋，就选择"Jungle"（丛林）。

接下来就是绘制啦！你可以先设计一下小房子的结构，不妨先用笔和纸来打一幅草稿！注意标记那些明显的顶点位置，然后在 Scratch 系统中运用画笔连线。

好啦，现在轮到你去操作啦！想想看，你要运用哪些积木，才能画出心目中的小房子呢？

捍卫水底世界

解锁新技能

- 🔓 判断条件是否满足
- 🔓 角色碰到角色
- 🔓 角色隐身不见
- 🔓 对角色不同造型的复制
- 🔓 角色隐身后的再现

途经一片水域时，科哇发现水底有许多人类丢弃的垃圾。整个水域一片荒芜，死气沉沉。这里水质浑浊，都看不清前面的路了。它连忙游到水面上，来透透气。

　　岸边有一只家养的人白鹅。科哇问道："鹅人人，您知道这里的水怎么了吗？"

　　鹅太太热心地解释说："这片水域紧邻人类的村庄，垃圾和污水把这片水域污染了。"

　　科哇惊讶地说："难道人类不明白，水域被污染，人类的生活也会受影响的！"

　　"你说得没错！人类也已经意识到错误了。你看……"鹅太太指了指不远处，那里堆放着一些水草，"人类想种植一些新的水草，我正要过去帮忙呢！"

　　科哇知道，在池塘里，水草起着净化作用，不过……它担忧地说："水底堆积的垃圾太多了，水草很难扎根呀！"

　　鹅太太大摇大摆地边走边说："放心吧！这片水域的动物都会来帮忙，我们一起清理垃圾，然后种植水草。"

　　科哇立刻自告奋勇地说："我也要帮忙！"

　　"你？"鹅太太打量着科哇，"你这么小，能帮什么忙？"

　　"我已经长大了！看，我都有四条腿了！"科哇骄傲地挥舞着自己新长出来的前肢，"再说啦，不论大小，都应该尽一份力！"

　　"说得好！让我们一起捍卫水底世界吧！"

👑 领取任务

保护环境,人人有责!让我们通过 Scratch 编程魔法,帮助科哇去清理水底垃圾,种植水草吧。

首先,我们要让科哇随着鼠标指针移动起来。

然后,科哇每找到一块垃圾,就把它清理干净。

最后,科哇带上水草,在水下世界找到合适的位置,把水草栽种好。

在这个过程中,科哇会获得成长,我们也能学会不少的编程秘诀。

👑 一步一步学编程

1 做好准备工作

让我们做好准备工作,一起开启今天的 Scratch 之旅吧!

资源下载

这个游戏需要的素材包括荒芜的水底世界、科哇、垃圾、水草,这些素材都在本书附带的下载资源"案例 7"文件夹中。

其中,"1-7 案例素材"文件夹存放的是编写程序过程中用到的素材;"1-7 拓展素材"文件夹存放的是"挑战新任务"的答案与案例代码;"1-7 捍卫水底世界 .sb3"是工程文件。

玩转 Scratch1 ▶ 案例 7 ▶

1-7 案例素材　　1-7 拓展素材

1-7 捍卫水底世界 .sb3

新建项目

如果 Scratch 编辑器刚被启动,它已经为你默认分配了空间,那么我们可以忽略这一步。但如果你刚刚用 Scratch 编写了其他程序,记得先保存好当前的项目,然后点击 Scratch 编辑器中的"文件"菜单,选择"新作品"命令。

删除默认角色

在角色区选中"角色1"小猫咪,点击右上角的  按钮。

现在,全部的准备工作都已经完成啦!让我们开始编写属于自己的程序吧!

2 添加背景与角色

本次任务中,科哇将潜入一片被污染的水域,清理垃圾、种植水草。此时的科哇已经长出了四条腿,越来越像一只小青蛙啦!

添加舞台背景

我们要把空白的舞台布置成荒芜的水底世界。

和之前一样,在 Scratch 的背景区,将鼠标指向"选择一个背景"图标,弹出包含四个按钮的菜单,点击"上传背景"按钮。

打开"1-7案例素材"文件夹,选择"背景"图片,点击"打开"按钮,打开背景图片,布置好舞台背景。

别忘了删掉默认背景哟!切换到左侧的"背景"选项卡,选中默认背景"背景1",点击右上角的 按钮。

添加角色

在 Scratch 的角色区,把鼠标指向"选择一个角色"图标,弹出包含四个按钮的菜单,点击"上传角色"按钮。

打开"1-7案例素材"文件夹,依次找到"垃圾.sprite3""水草.sprite3"和"长出四肢的科哇.sprite3"并点击"打开"按钮,成功添加角色。

3 设计与实现

水底世界的垃圾，害得水草无法扎根！现在，我们需要 Scratch 大显身手，演绎科哇清理垃圾、种植水草的过程了！按照惯例，我们在动手编写程序之前，先进行逻辑分析。

【故事逻辑和情节分析】

⚙ 【情节 1】游戏启动，科哇开始游动。

⚙ 【情节 2】把科哇跟"鼠标"绑定，让它随鼠标指针移动。

⚙ 【情节 3】科哇找到水下垃圾并迅速清除。

⚙ 【情节 4】把垃圾清理干净之后，科哇带上了水草。

⚙ 【情节 5】科哇回到水底，开始栽种水草。

【情节 1】游戏启动，科哇开始游动。

科哇长出了四条腿，迈入了新的成长阶段。不过对于 Scratch 来说，这个"新科哇"成了一个陌生的角色，我们需要重新编写程序，才能让它"游动"起来。

这个角色包括三个造型，在程序启动后，通过重复切换造型来实现游动的效果。这里需要用到的知识，我们在前面的编程秘诀"重复执行"中已经学过啦！

▷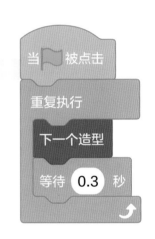

【情节 2】把科哇跟"鼠标"绑定，让它随鼠标指针移动。

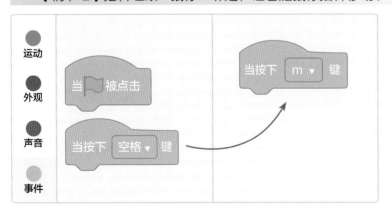

在"捉不到的泡泡"中，我们曾经把"泡泡"和鼠标指针做了"捆绑"，学会了让角色跟随鼠标指针移动。我们在此基础上稍做"升级"：设置按下键盘"m"键作为触发条件，让科哇跟随鼠标指针移动。

△ 点选角色区"长出四肢的科哇"角色，在"事件"类积木中点击 [当按下 空格 键]，拖到脚本区，把下拉选项改为"m"键。

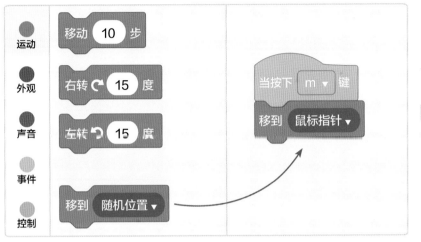

在"运动"类积木中点击 移到 随机位置▾ ，拖到脚本区拼接好，并把下拉选项改为"鼠标指针"。

为了让科哇始终跟随鼠标移动，在"控制"类积木中点击 重复执行 ，拖动并"套"在 移到 鼠标指针▾ 的外面。

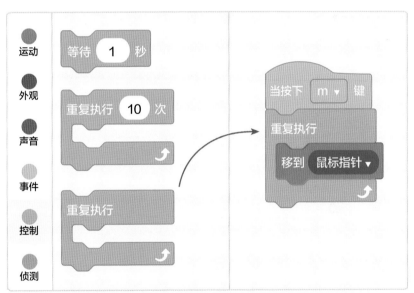

试着运行一下。在按下"m"键后，科哇会跟着鼠标移动吗？

【情节 3】科哇找到水下垃圾并迅速清除。

【想一想】

(1) 如何实现"清理"的效果？
可以把垃圾"隐藏"起来。

(2) 什么时候隐藏垃圾？
当科哇碰到垃圾的时候，垃圾隐藏。

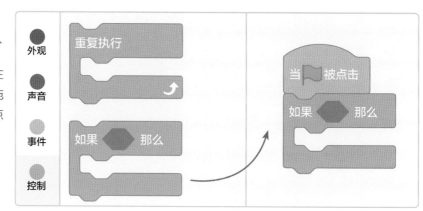

点选角色区的"垃圾"角色，在"事件"类积木中点击 _{当▶被点击}，拖到脚本区。在"控制"类积木中点击 _{如果◆那么}，拖到脚本区拼接好。

在这里，我们收集到了今天的第一个"编程秘诀"——条件判断。

【编程秘诀1】条件判断

在 Scratch 中，我们通过积木 _{如果◆那么} 来实现条件判断。"如果"后面的六边形阴影框是"条件框"，一旦框中的条件被满足，系统就会执行"那么"下面嵌套的积木。

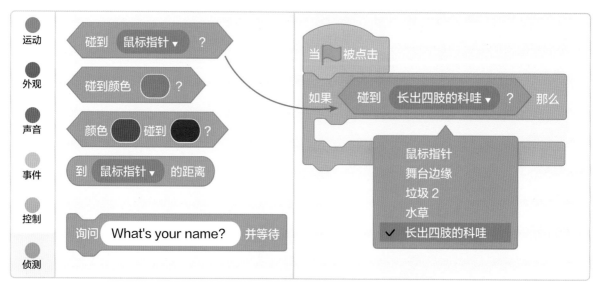

△ 在"侦测"类积木中点击 _{碰到 鼠标指针▼ ?}，"塞进" _{如果◆那么} 的条件框里，并把下拉选项修改为"长出四肢的科哇"。

在这里，我们收集到了今天的第二个"编程秘诀"——碰到。

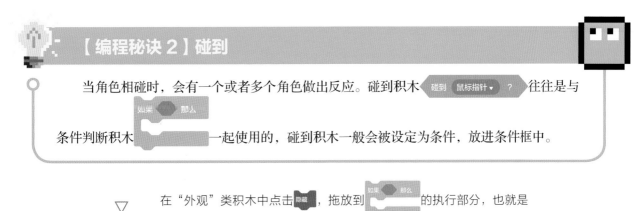

【编程秘诀 2 】碰到

当角色相碰时，会有一个或者多个角色做出反应。碰到积木 碰到 鼠标指针▼ ? 往往是与

条件判断积木 如果 那么 一起使用的，碰到积木一般会被设定为条件，放进条件框中。

▽ 在"外观"类积木中点击 隐藏 ，拖放到 如果 那么 的执行部分，也就是它的"肚子"里。

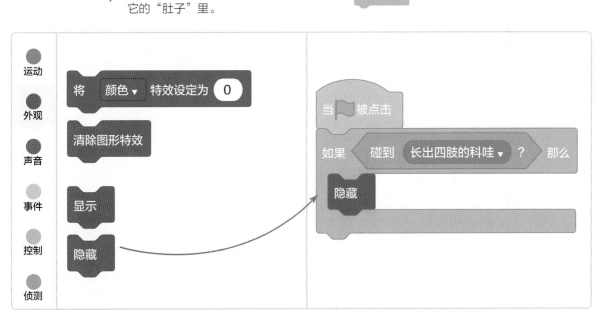

在这一步中，我们收集到了第三个"编程秘诀"——角色隐藏。

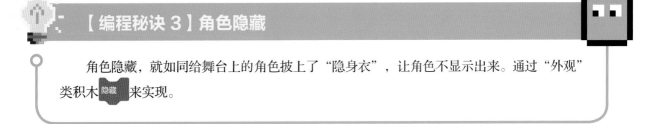

【编程秘诀 3 】角色隐藏

角色隐藏，就如同给舞台上的角色披上了"隐身衣"，让角色不显示出来。通过"外观"类积木 隐藏 来实现。

▽　　　在"控制"类积木中点击 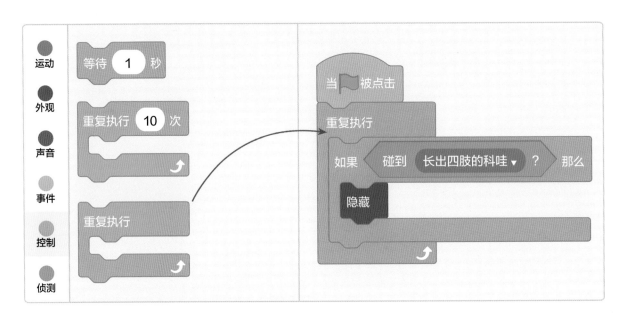 重复执行 ，拖放到上一步完成的积木的外边，
让"科哇碰到垃圾，垃圾就隐藏"这个过程重复执行。

这样，一旦科哇碰到垃圾，垃圾就会隐藏起来，在视觉上实现了"科哇清理垃圾"的效果。

【情节4】把垃圾清理干净之后，科哇带上了水草。

【想一想】
（1）水草应该什么时候出现，什么时候消失？
程序刚刚启动时，水草是隐藏不见的。可以设置按下空格键后，水草显示出来。
（2）如何实现水草被科哇携带的效果呢？
因为科哇始终跟随鼠标移动，所以，我们把水草也设置为始终跟随鼠标移动，就能达到"科哇携带水草"的视觉效果。

游戏启动，水草隐藏

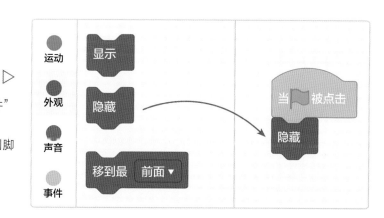

点选角色区的"水草"角色，在"事件"类积木中点击当被点击，拖到脚本区。

在"外观"类积木中点击隐藏，拖到脚本区拼接在上一积木下方。

这样，当你点击▶️按钮，开始游戏时，水草是隐藏的。

按下空格键后，水草显示出来

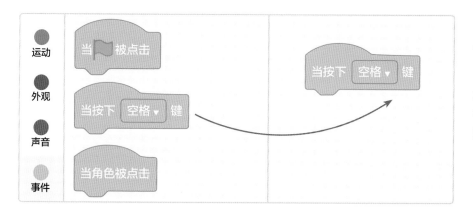

点选角色区的"水草"角色，在"事件"类积木中点击当按下空格键，拖到脚本区。

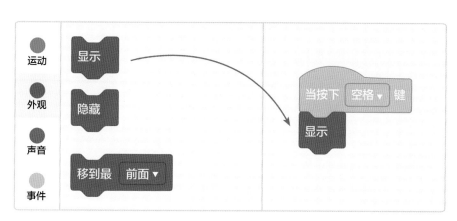

在"外观"类积木中点击显示，拖到脚本区拼接好。

水草跟随鼠标移动

参考之前让科哇跟随鼠标移动的过程，把积木组合好，然后拼接在 显示 的下方。

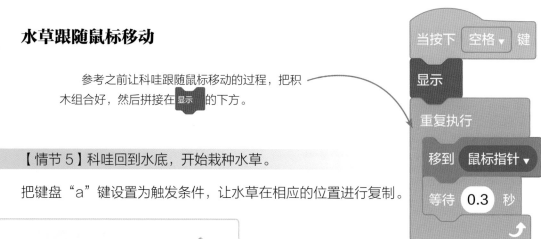

【情节 5】科哇回到水底，开始栽种水草。

把键盘"a"键设置为触发条件，让水草在相应的位置进行复制。

◁ 点选角色区的"水草"角色，在"事件"类积木中点击 当按下 空格▼ 键 ，拖到脚本区，把下拉选项修改为"a"。

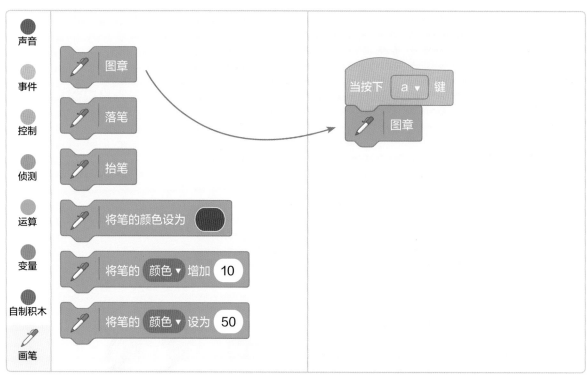

△ 在"画笔"类积木中点击 图章 ，拖到脚本区拼接好。

【小贴士】
还记得"画笔"类指令该如何导入吗？
你可以参考上次学习"添加拓展功能"的内容哟！

在"外观"类积木中点击，拖到脚本区拼接好，实现每次复制不同造型的水草效果。▽

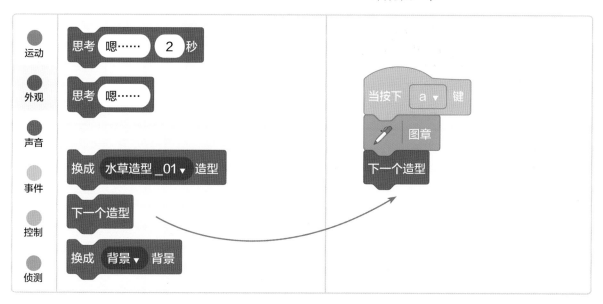

运动
外观
声音
事件
控制
侦测

在这一步中，我们收集到了第四个"编程秘诀"——图章。

【编程秘诀4】图章

如果一个角色有多个造型，那么图章就可以对这个角色的不同造型进行复制。

利用"外观"类积木选定造型，然后在"画笔"类积木中找到 🖊 图章，拼接在其下方，就可以实现对角色具体造型的复制。

👑 运行与优化

1 程序运行试试看

打开程序，让科哇开始清理垃圾、种植水草的公益行动吧！

（1）点击 🚩 按钮，启动游戏，科哇游动起来。

（2）按下"m"键，鼠标到哪里，科哇就跟到哪里。

（3）把鼠标移动到垃圾的位置，科哇清除垃圾。

（4）按下空格键，科哇"携带"好水草。

（5）移动鼠标，到合适的位置按下"a"键，科哇"栽下"水草。

2 作品优化与调试

程序运行一次之后，你会发现，这个游戏无法重复玩。即便重新点击 🚩 按钮，屏幕上依然满是水草，而垃圾却不再显示了。

如果我们想重新玩这个游戏，那么我们要做两项"复原"工作，一是清除水草，一是显示垃圾。

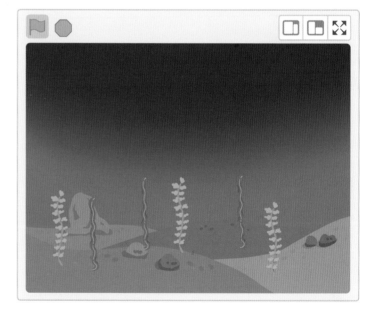

先来清除水草吧。

点选角色区的"水草"角色，在"画笔"类积木中点击 🖊 全部擦除，拖到脚本区，拼接在隐藏积木的下方。 ▷

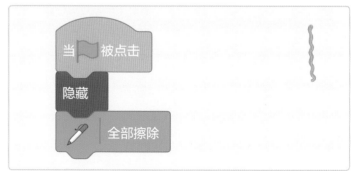

接下来让垃圾再现。

因为我们在清理垃圾的过程中应用了积木 隐藏 ，垃圾就真的披上了隐身衣，再也看不见了。为了能反复玩这个小游戏，我们要好好运用与 隐藏 相对应的 显示 积木。

在这一步中，我们收集到了第五个"编程秘诀"——角色显示。

【编程秘诀 5】角色显示

角色显示，就是让角色登上舞台展示。当我们用 隐藏 给角色披上了"隐身衣"后，想要再次让角色显示出来，记得要通过"外观"类积木 显示 来实现哟。

▽ 在角色区点选"垃圾"角色，在"事件"类积木中点击 当▶被点击 ，拖到脚本区，把点击▶按钮设定为触发事件。

运动

外观　　将 颜色▼ 特效设定为 0

　　　　清除图形特效　　　　　　　　　　　　　　当 ▶ 被点击

声音
　　　　显示　　　　　　　　　　　　　　　　　　显示
事件

　　　　隐藏
控制

△ 在"外观"类积木中点击 显示 ，拖动并拼接在 当▶被点击 下方。每次启动游戏，垃圾都能显示了。

现在，我们就能让科哇反复地清理水下垃圾，种植水草啦！这样的公益行动，谁不愿意多进行几次呢？

3 让保存成为习惯

不要忘记保存哟！只有妥善保存文件，我们以后才能查找它、不断地完善它。

点击"文件"菜单，选择"保存到电脑"命令。找到你的专属文件夹，对文件进行命名，点击"保存"按钮。

祝贺你已经完成了七个小程序！为你的坚持精神和编程能力点赞哟。

思维导图大盘点

小朋友，在"捍卫水底世界"的任务中，你应用了 Scratch 的哪些新积木，学会了哪些诀窍呢？让我们画一画思维导图吧。

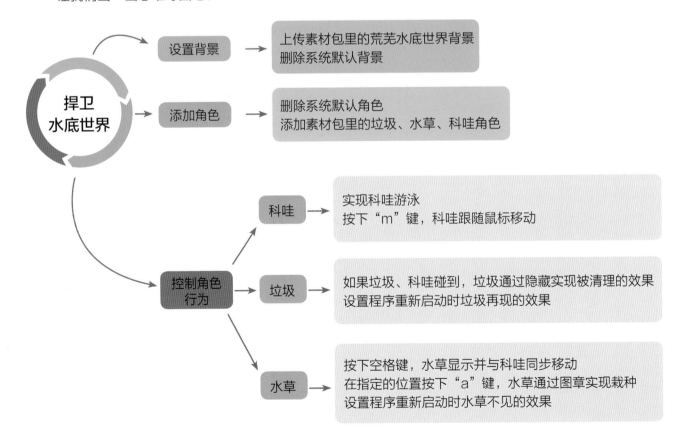

🐾 挑战新任务

小朋友，"捍卫水底世界"这个任务，你完成得怎么样？现在，让我们运用 Scratch 系统自带的素材进行巩固复习。

我们的目标是：制作一个"鲨鱼吃小鱼"的程序。

在广袤幽深的大海里，有一只凶猛的鲨鱼，还有很多随处游动的小鱼。我们要让鲨鱼随着鼠标移动，不断吃掉周围的小鱼。

▽　　　在 Scratch 的角色区，将鼠标指向"选择一个角色"图标。打开系统自带的素材库，在搜索栏中输入"fish"并点击搜索，然后选择自己喜欢的角色。

为了让画面更真实，你可以在系统自带的素材中选择一个大海的背景哟！

接下来就轮到你啦！好好想一想，需要运用哪些积木，才能让鲨鱼吃到小鱼呢？

智闯水草谷

解锁新技能

🔓 角色触碰颜色判断
🔓 角色利用文本对话
🔓 完整播放音乐

在科哇的帮助下，被污染的水域恢复了整洁，而科哇也疲惫地睡着了。在梦中，这片水域的河神专程来感谢它："孩子，为了感谢你的善良和热心，我要送你一份礼物。在前方不远处有一片魔法水域，那里生长着一种神奇的能量花。只要吃下能量花，你就能找到妈妈。"

科哇兴奋极了："真的吗？只要吃下能量花，就能找到妈妈？"

"不过得穿越一片水草迷宫，才能抵达那片水域。"

"水草迷宫？"科哇十分好奇。

"别担心，孩子。只要你开动脑筋，一定能穿越迷宫，进入那片魔法水域。"

伴随着河神的声音，科哇睁开了眼睛。在它的眼前，出现了由一大片水草组成的幽暗迷宫……

👑 领取任务

本次任务，我们将通过 Scratch 帮助科哇穿越迷宫，进入生长着能量花的魔法水域。

首先，我们要让科哇随着键盘指令灵活地移动。

然后，每当科哇走错路，我们都要给出提示，并且把它送回起点。

最后，科哇到达终点，我们会为它开庆功会。

这个过程虽然有点儿复杂，但是只要穿越水草迷宫，科哇就能更快地找到妈妈了！让我们一起用编程魔法来帮助它吧！

👑 一步一步学编程

1 做好准备工作

小朋友，又到了我们通过 Scratch 与电脑沟通的时刻。我们已经完成了七个编程任务，积累了很多经验，相信你一定能够顺利完成今天的任务。

资源下载

这个游戏需要的素材包括水底世界、尾巴变短的科哇和能量花，这些素材都在本书附带的下载资源"案例 8"文件夹中。

其中，"1-8 案例素材"文件夹存放的是编写程序过程中用到的素材；"1-8 拓展素材"文件夹存放的是"挑战新任务"的参考资料；"1-8 智闯水草谷 .sb3"是工程文件。

玩转 Scratch1 ▶ 案例 8 ▶

1-8 案例素材　　　　1-8 拓展素材

1-8 智闯水草谷 .sb3

新建项目

如果 Scratch 编辑器刚被启动，它已经为你默认分配了空间，那么我们可以忽略这一步。但如果你刚刚用 Scratch 编写了其他程序，记得先保存好当前的项目，然后点击 Scratch 编辑器中的"文件"菜单，选择"新作品"命令。

删除默认角色

在角色区选中"角色 1"小猫咪，点击右上角的 ⊗ 按钮。 ▷

现在，全部的准备工作都已经完成啦！让我们开始编写属于自己的程序吧！

2 添加背景与角色

本次任务，我们将随着科哇一起穿越水草迷宫，寻找开满能量花的魔法水域。

添加舞台背景

首先，我们来把空白的舞台替换成水草迷宫。

在 Scratch 的背景区，将鼠标指向"选择一个背景"图标，弹出包含四个按钮的菜单，点击"上传背景"按钮。打开"1-8 案例素材"文件夹，选择"背景"图片，点击"打开"按钮，打开背景图片，布置好迷宫的背景。别忘记，删掉默认背景。切换到左侧的"背景"选项卡，选中默认背景"背景 1"，点击右上角的 ⊗ 按钮。

添加角色

我们要在水草迷宫的入口放置"科哇"，在水草迷宫的出口放置"能量花"。

在 Scratch 界面的角色区，把鼠标指向"选择一个角色"图标，弹出包含四个按钮的菜单，点击"上传角色"按钮。

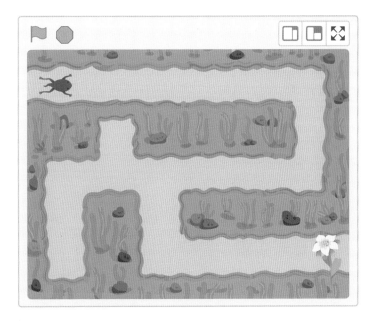

△ 打开"1-8 案例素材"文件夹，分别找到并打开"尾巴变短的科哇 .sprite3"和"能量花 sprite3"，成功添加角色。

我们想让科哇顺利地穿越迷宫，必须修改角色的大小，控制角色所处的位置。我们用鼠标把科哇"拉"到迷宫的入口处。

科哇的坐标值为：x=-216，y=127。小朋友要观察并记录自己电脑中的数值，然后在角色区把科哇的大小修改为10。

再来调整能量花。把能量花"拉"到迷宫出口处。

在示例中，能量花的坐标值为：x=209，y=-124。小朋友要观察并记录自己电脑中的数值。

3 设计与实现

现在，科哇已经准备好要进入水草迷宫了，而能量花也在出口处等它。到了 Scratch 大显身手的时候了！让我们开始编程，帮助科哇走出迷宫吧！不要忘记，需要在编程之前先做好逻辑分析哟！

【故事逻辑和情节分析】

⚙【情节1】科哇游动起来，根据键盘的控制，在迷宫中行进。

⚙【情节2】如果科哇偏离路线，撞入水草丛，系统会发出提示信号，并让科哇重回起点。

⚙【情节3】科哇走到迷宫出口，碰到能量花，取得胜利。

【情节1】科哇游动起来，根据键盘的控制，在迷宫中行进。

当选中科哇角色时，可以看到脚本区已经有了"当🚩按钮被点击时，科哇呈现游动状态"的代码。

【想一想】

(1) 在 Scratch 中，如何定位角色的位置？

在 Scratch 中，角色的位置是通过坐标来体现的。

x 代表横向。从左向右，坐标值逐渐增大，最大为 240；从右往左，坐标值逐渐减小，最小为 −240。

y 代表纵向。从下往上，坐标值逐渐增大，最大为 180；从上往下，坐标值逐渐减小，最小为 −180。

(2) 如何利用键盘操作，控制科哇的行进方向？

当按下键盘左键时，科哇向左移动，面向 −90° 方向。

当按下键盘右键时，科哇向右移动，面向 90° 方向。

当按下键盘上键时，科哇向上移动，面向 0° 方向。

当按下键盘下键时，科哇向下移动，面向 180° 方向。

理清思路后，我们来完成具体操作。

设定科哇的初始位置和方向

为了在每次启动游戏后，让科哇都处于迷宫的入口，朝向指定的方向，我们需要设置科哇的初始位置和方向。

设置科哇的初始位置，是以 🚩被点击 作为触发条件的，因此只需在角色区点选"科哇"角色，把初始位置和面向方向添加到控制游动的积木组中。

▽ 在"运动"类积木中点击 移到 x: -216 y: 127，拖到脚本区，插到 当🏳被点击 的下方。其中积木上的 x，y 值就是迷宫入口的坐标。每一台电脑的坐标数值都不一样，小朋友们要按照自己的记录来设置。

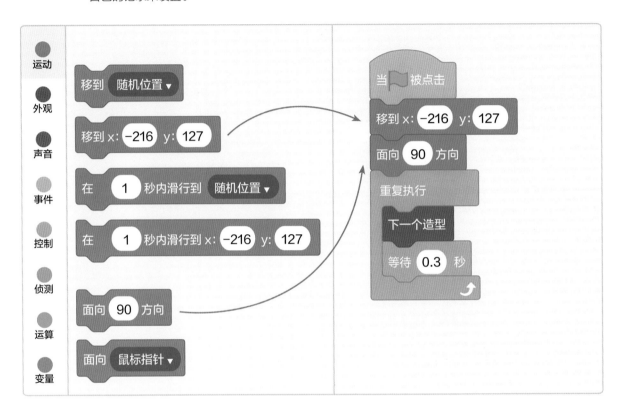

△ 由于刚启动游戏时，科哇要向右移动，因此要面向 90° 方向，在"运动"类积木中点击 面向 90 方向，拖动并拼接到移动积木的下面。

【小贴士】
　　设置初始位置和面向方向，是为了避免游戏中途停止时科哇"滞留"在迷宫里。在每次启动游戏后，科哇都应该回到初始位置，并且面朝指定方向。

按下键盘右键，科哇的方位移动

当按下右键时，科哇向右移动，也就是面向 90° 方向。

▽　　　设定触发事件。在"事件"类积木中点击 当按下 空格▾ 键，拖到脚本区，在下拉选项
　　　中选择"→"。

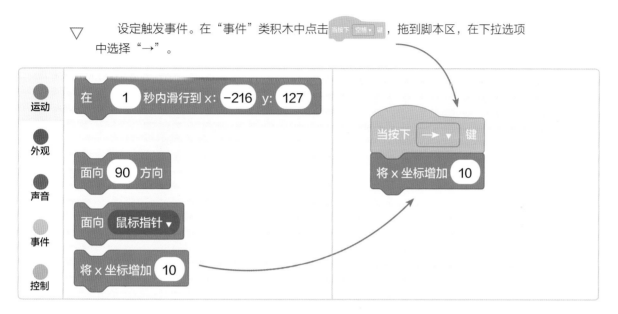

　　　向右移动时，x 坐标的数值是逐渐增大的。所以，只要我们每次按下"→"
△ 键，都把 x 坐标的数值增大一些，科哇就会向右移动了。在"运动"类积木中点击
将 x 坐标增加 10，拖动并拼接在按下右键积木下方。

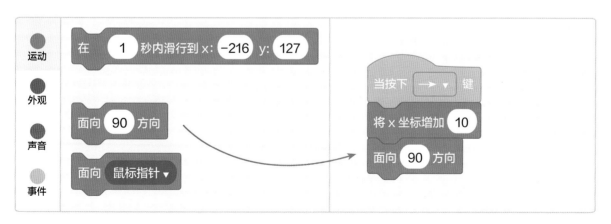

△　　　当科哇向右移动时，它应该面向右方。在"运动"类积木中点击 面向 90 方向，拖到
　　　脚本区拼接好。

按下键盘左键、上键、下键，科哇的方位移动

【想一想】

当按下键盘的左键、上键、下键，科哇的移动与"按下键盘右键"的代码有什么异同呢？

其实，这四个方向的运动逻辑是一致的，每个方向上的代码都包括三个积木块，分别是：按下某个键的事件；修改坐标（移动的幅度）；修改面向方向（移动的朝向）。

我们可以采取代码复制的方式，完成其余三个方向的代码，然后根据实际情况修改它们对应的数值。

当按下"←"时，科哇向左移动，将 x 坐标增加 -10，面向 -90° 方向。

当按下"↑"时，科哇向上移动，将 y 坐标增加 10，面向 0° 方向。

当按下"↓"时，科哇向下移动，将 y 坐标增加 -10，面向 180° 方向。

最后，形成的完整代码如下。　　▽

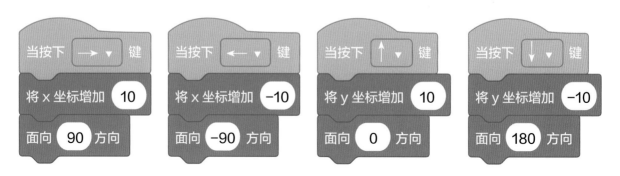

【情节 2】如果科哇偏离路线，撞入水草丛，系统会发出提示信号，并让科哇重回起点。

【想一想】

怎样判断科哇偏离了可行走的路线？

仔细观察水草迷宫，你会发现，可以通行的路和不可通行的区域，颜色是不一样的。所以，我们可以让科哇通过颜色判断行走的路径。如果碰到水草区域，就提醒科哇"此路不通"，然后让它回到出发点。

设置触发事件。在"事件"类积木中点
击 当▢被点击，拖到脚本区。

增加条件判断。在"控制"类积木中点
击 如果 那么，拖到脚本区拼接好。

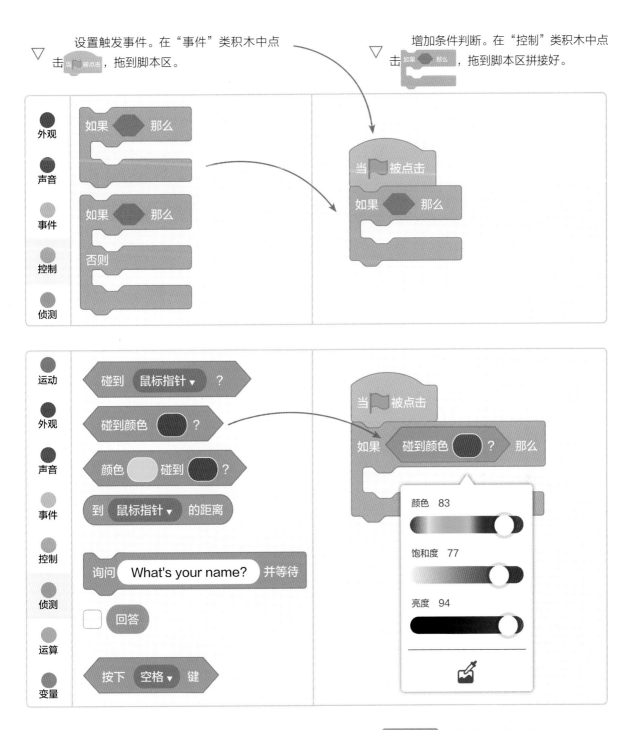

设定判断条件。在"侦测"类积木中点击 碰到颜色 ？，拖到脚本区，插入
条件判断积木的条件框中。点击积木上的色块，会弹出选色菜单。

点击 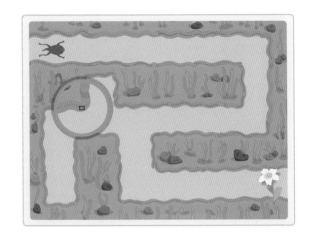，使用拾色器在迷宫外面的颜色中轻轻点一下，就可以获得"不可通行区域"的颜色了。

在这里，我们收集到了今天的第一个"编程秘诀"——颜色侦测。

【编程秘诀 1】颜色侦测

通过 碰到颜色 ⬤ ? 积木实现对颜色的侦测，判断角色所碰到的颜色是否为指定的颜色。点击积木上的颜色块，可以设置所需颜色或者用拾色器获取舞台上的某种颜色。

▽ 如果科哇碰到了不可通行区域，就要提示它此路不通。在"外观"类积木中点击 说 你好! 2 秒，拖到脚本区拼接好，并且把说话的内容改为"这里不可以走哟！"，时间修改为 1 秒。

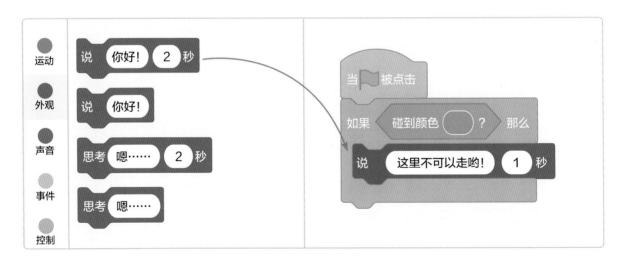

我们收集到了今天的第二个"编程秘诀"——角色文本对话。

【编程秘诀 2】角色文本对话

角色可以通过文本对话框来显示说话内容。

在 Scratch 中，可以通过 说 你好! 积木来呈现指定文字；而 说 你好! 2 秒 积木更进一步，它不仅能呈现指定文字，还能指定呈现的时间。

一旦科哇碰壁，就把它送回出发点并面向预期方向。在"运动"类积木中点击 移到 x: -216 y: 127 和 面向 90 方向，拖到脚本区拼接好，记得要把 x，y 坐标值改为出发点的坐标值。

运行程序时你会发现，科哇第一次碰壁，系统会提醒它，可是第二次、第三次走错，系统却不再提醒它了。所以，我们需要重复执行以上代码。把重复执行积木 重复执行 拖到脚本区，并把条件判断积木组合都"装"进它的"肚子"里。

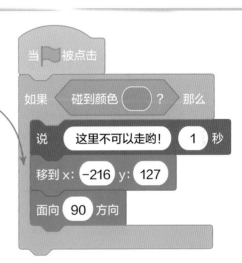

▽

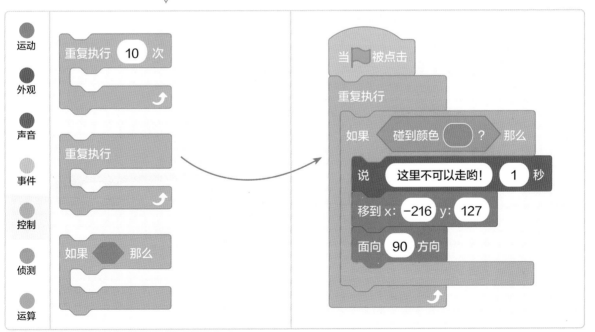

【情节3】科哇走到迷宫出口，碰到能量花，取得胜利。

科哇一路披荆斩棘，终于走到了迷宫出口，碰到了能量花！我们为它感到高兴，想要播放音乐隆重地祝贺它！

【想一想】
这个情节具体需要包括哪些细节？
判断科哇是否碰到了能量花。
如果碰到能量花，提示："恭喜，成功通过水草迷宫！"并且播放音乐。

在这里，我们仍然要用到"条件判断"，一旦满足"碰到能量花"这个条件，程序会就提示"恭喜，成功通过水草迷宫！"并播放音乐。

▽   在"事件"类积木中点击 当 被点击，拖到脚本区。之后，增加条件判断积木。在"控制"类积木中点击 如果 那么，拖到脚本区拼接好。

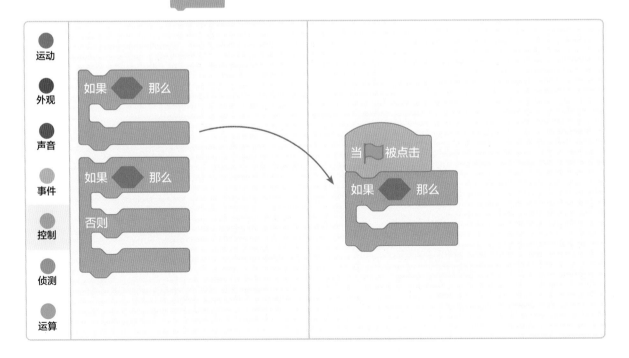

▽ 设定判断的条件，也就是碰到能量花。在"侦测"类积木中点击  ，拖到脚本区拼接好，把碰撞对象改为"能量花"。

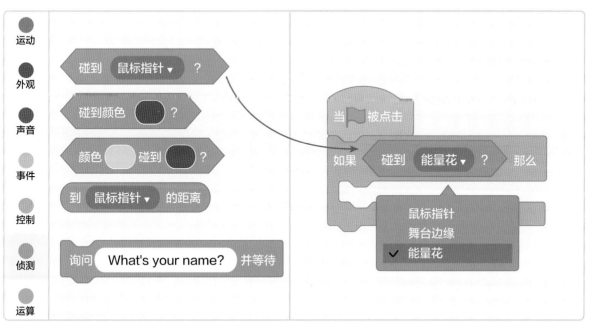

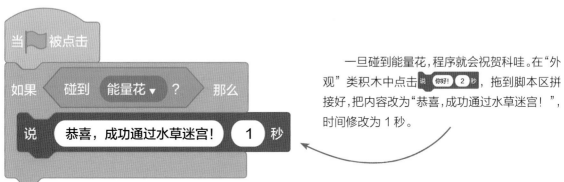

一旦碰到能量花，程序就会祝贺科哇。在"外观"类积木中点击，拖到脚本区拼接好，把内容改为"恭喜，成功通过水草迷宫！"，时间修改为 1 秒。

与此同时，还要播放成功的音乐。首先，我们要在 Scratch 里添加一个音效。

🟦 代码　✏️造型　◀️声音

切换到左上角的"声音"选项卡。

143

在屏幕左下方点击"选择一个声音"图标。

▽

在搜索框搜索"triumph"，选择这个音乐。

▽

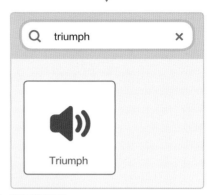

▽ 切换回"代码"选项卡，在"声音"类积木中点击 播放声音 Triumph ▾ ，拖到脚本区拼接好。

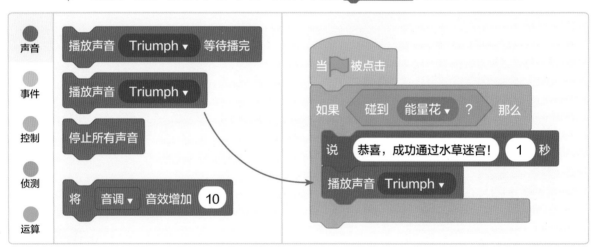

为了能让科哇每一次碰到能量花，系统都能发出祝贺并播放音乐，要在"控制"类指令中，点击重复执行积木 重复执行 ，拖到脚本区，把条件判断积木组合"塞"进它的"肚子"里。

🎮 运行与优化

1 程序运行试试看

让我们试着运行一下刚刚编写的程序吧！

（1）点击 🚩 按钮，启动游戏，科哇摆动身体跃跃欲试，能量花缓慢开放。

（2）通过操控键盘的上键、下键、左键、右键四个方向键，控制科哇的前进方向，帮助它顺利走出迷宫。如果不小心偏离正确路线，被遣送回起点也不要着急，再试一次吧。

（3）科哇碰到能量花，系统会发出祝贺，并且播放音乐。

2 作品优化与调试

科哇一路碰壁，经过反复尝试，终于碰到了能量花！就在这最喜悦的时候，我们却发现，庆祝的音乐是嘚——嘚——嘚——的颤抖音……这是怎么回事呢？

原来，我们在播放音乐的时候，用到了重复执行积木 ，造成的结果就是：科哇一碰到能量花，就会反复播放音乐。还没等第一遍播放完，又开始播放第二遍、第三遍……结果，声音就变得很奇怪。怎么办呢？

▽　将刚刚的 `播放声音 Triumph▾` 积木拖到空白处并删除。在"音乐"类积木中，点击 `播放声音 Triumph▾ 等待播完`，拖放到脚本区原 `播放声音 Triumph▾` 的位置。

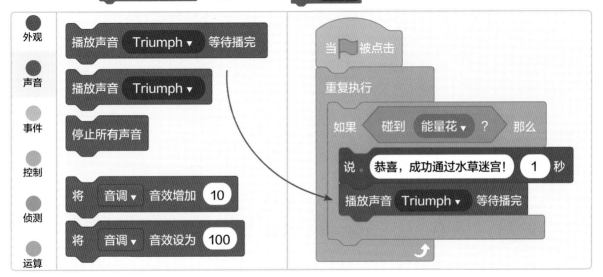

我们收集到了今天的第三个"编程秘诀"——播放声音等待播完。

【编程秘诀 3】播放声音等待播完

我们曾用 播放声音 演唱曲目▾ 演绎了蝌蚪演唱会，但是音乐播放是可以被其他积木中断的。
播放声音还有一个积木是 播放声音 Triumph▾ 等待播完 ，和之前的积木不同，它能完整播放整个曲目。

3 让保存成为习惯

最后，让我们把编写好的程序，保存到"老地方"！

点击"文件"菜单，选择"保存到电脑"命令。找到你的专属文件夹，对文件进行命名，点击"保存"按钮。

现在，你已经收集到八个小程序了！祝贺你取得新收获！

🐾 思维导图大盘点

小朋友，在完成本次编程任务时，你应用了 Scratch 的哪些新技能呢？现在，让我们画一画思维导图，复习一下任务是如何完成的吧。

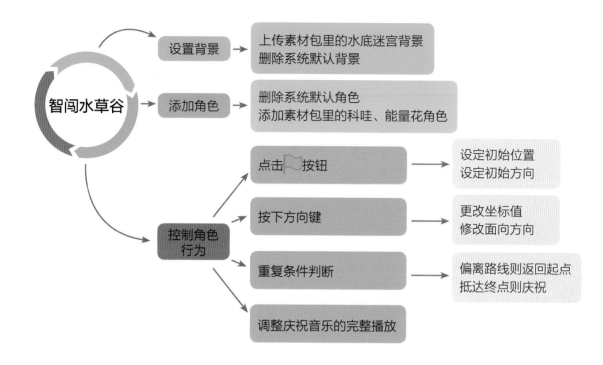

挑战新任务

让我们用 Scratch 系统自带的素材进行编程，把今天学到的知识再巩固一下!

我们的目标是：设计一个小狗追皮球，同时还要躲避蜘蛛的程序。

魔法森林里，一只小狗追着皮球玩。追到皮球时，小狗会开心地叫，同时皮球弹跳到随机位置；如果小狗在追皮球时碰到了悬在树枝上巡逻的蜘蛛，就会被遣回起点。

先布置好舞台背景，添加小狗、蜘蛛和皮球角色。让蜘蛛沿着树干，上下来回爬动。可以参考右图代码。

现在，请你开始编程：用键盘控制小狗，随着上下左右键移动。设置条件，小狗碰到蜘蛛，要返回原点；小狗碰到皮球，会发出叫声，皮球跳到某个位置。

好好想一想，综合运用学过的积木，动手去完成吧!

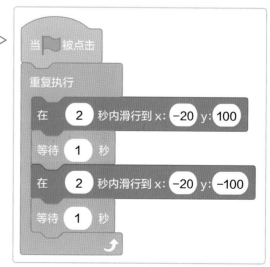

科哇捕食记

解锁新技能

🔓 为程序添加变量

🔓 设定或修改变量的值

🔓 将变量运算作为条件判断

穿越水草迷宫后，科哇进入了一片魔法水域，这里飘荡着一朵朵美丽的花。科哇不由地看呆了，难道这就是传说中的能量花吗？

河神仿佛听到了科哇的疑问，他那低沉的声音回荡在科哇的耳畔："只有那些有生命的花，才是含有魔法能量的花。吃掉它们，你就能找到妈妈了。"

"有生命的花？"科哇好奇地看向了前方。

在清澈的池水和美丽的花朵中间，四散漂浮着一些花朵。它们竟然一会儿绽放花瓣，一会儿又闭上花瓣，就像星星在眨眼睛，又像一群聒噪的小鸟儿在叽叽喳喳！科哇明白了，那就是能量花！

"你必须吃掉所有能量花才能离开这片魔法水域啊！"河神再次提醒科哇。

👑 领取任务

吃掉能量花，获得不可思议的改变，最终找到妈妈……想到这里，科哇毫不犹豫地游动起来。它希望自己快速吸取能量，马上投入妈妈的温暖怀抱。让我们用 Scratch 帮帮它吧。

首先，我们要让科哇跟随键盘指令移动起来。

然后，科哇在这片水域灵活游动，一朵接一朵地吃掉能量花。

最后，科哇吃光了所有的能量花，就能见证奇迹啦！

在这个过程中，我们将学会关于"变量"的一系列编程秘诀，现在就让我们开始吧！

👑 一步一步学编程

1 做好准备工作

我们已经编写了八个程序，有了这么多的经验，你一定能够顺利完成今天的编程任务。

资源下载

这个游戏需要的素材包括美丽的魔法池塘、科哇和能量花，这些素材都在本书附带的下载资源"案例 9"文件夹中。

其中，"1-9 案例素材"文件夹存放的是编写程序过程中用到的素材；"1-9 拓展素材"文件夹存放是"挑战新任务"的参考材料；"1-9 科哇捕食记 .sb3"是工程文件。

> 玩转 Scratch1 ▸ 案例 9 ▸
>
> 📁 1-9 案例素材　　📁 1-9 拓展素材
>
> 📄 1-9 科哇捕食记 .sb3

新建项目

如果 Scratch 编辑器刚被启动，它已经为你默认分配了空间，那么我们可以忽略这一步。但如果你刚刚用 Scratch 编写了其他程序，记得先保存好当前的项目，然后点击 Scratch 编辑器中的"文件"菜单，选择"新作品"命令。

删除默认角色

在角色区选中"角色 1"小猫咪，点击右上角的 🗑 按钮。 ▷

现在，全部的准备工作都已经完成啦！让我们开始编写属于自己的程序吧！

2 添加背景与角色

本次任务中，故事发生在美丽的魔法池塘，我们的主角科哇需要吃掉四朵会变换造型的能量花。

添加舞台背景

首先，我们把空白的舞台替换成美丽的魔法池塘。

在 Scratch 的背景区，把鼠标指向"选择一个背景"图标，弹出包含四个按钮的菜单，点击"上传背景"按钮。
打开"1-9 案例素材"文件夹，选择"背景"图片并点击"打开"按钮，布置好舞台。

别忘了删掉默认背景哟！切换到左侧的"背景"选项卡，选中默认背景"背景 1"，点击右上角的 🗑 按钮。

添加角色

科哇已经是个游泳健将了，这里，我们可以导入在之前范例中制作好的带有游动代码的科哇。没错！这是运用"角色导出"功能完成的哟！

由于四朵能量花需要的积木模块是相同的，我们只需要添加一朵能量花。等组合好它所需要的全部积木后，再复制三朵能量花就行啦。

在 Scratch 的角色区，把鼠标指向"选择一个角色"图标，弹出包含四个按钮的菜单，点击"上传角色"按钮。

◁

打开"1-9 案例素材"文件夹，依次找到"尾巴变短的科哇 .sprite3"和"能量花 .sprite3"并点击"打开"按钮，成功添加角色。

B 设计与实现

在这个程序里，我们怎样让科哇灵活移动，怎样模拟科哇吃掉能量花，尤其是怎样计算科哇吃掉了多少能量花呢？希望小朋友能够养成在动手编写程序之前，先进行逻辑分析的习惯。

【故事逻辑和情节分析】

⚙ 【情节 1】游戏启动，科哇和能量花都"动"了起来。

⚙ 【情节 2】科哇根据键盘的控制，上下左右移动，一朵一朵地"吃掉"能量花。

⚙ 【情节 3】科哇吃光了所有的能量花，说："我有足够的能量啦！"

【情节 1】游戏启动，科哇和能量花都"动"了起来。

首先是科哇。它在水中呈现游动姿态，这部分的代码在之前已经编写过了，我们刚刚导入的科哇角色就包括了这段代码。

其次是能量花。能量花是随机出现在画面中的，而且一会儿绽放，一会儿闭合。这种动态效果，应该如何实现呢？

能量花的绽放与闭合

【想一想】

我们曾经通过变换造型，实现了星星的闪烁和科哇的游动。现在，我们可以运用同样的思路，实现能量花的绽放与闭合。

我们将 当▶被点击 设定为触发条件，切换造型后让该造型保持 1 秒钟，并且把这一过程重复执行。

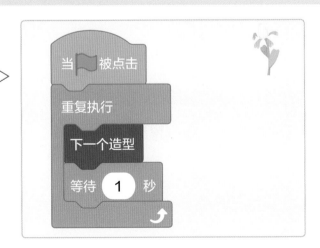

在游戏开始时，能量花的位置是随机的

▽ 在"运动"类积木中点击 移到 随机位置▾ ，拖动并拼接在 当▶被点击 下面。

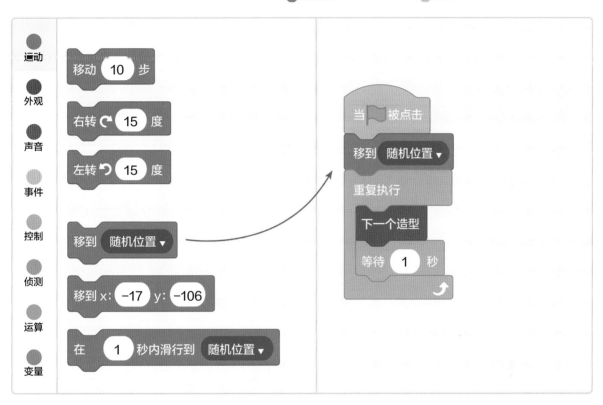

【情节2】科哇根据键盘的控制，上下左右移动，一朵一朵地"吃掉"能量花。

科哇的初始方向与位置设定

在游戏刚开始的时候，为了给科哇提供更好的捕食位置，我们需要给科哇设置一个固定的起始位置，并且设定合适的方向。还记得上一次学习中设置起始位置的步骤吗？

▽　　　点选角色区的"尾巴变短的科哇"角色，在"事件"
类积木中点击 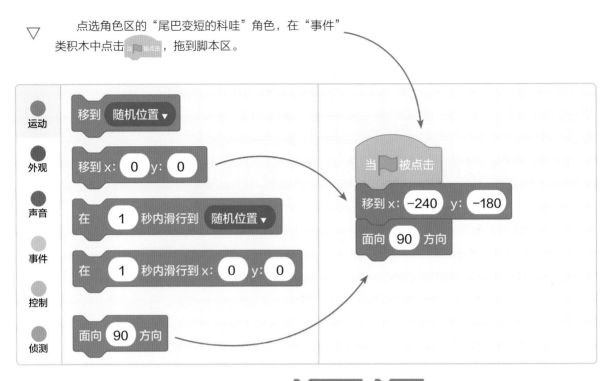，拖到脚本区。

△　　　在"运动"类积木中点击并拖动 移到x: 0 y: 0 与 面向 90 方向 到脚本区拼接好。设
定坐标值为 x=-240，y=-180。这样就把科哇的初始位置设置在舞台的左下角了。

科哇随着键盘的控制而移动

【想一想】

如何操控科哇移动？

在上次学习中，我们通过键盘的方向键控制科哇的移动。这里，我们可以采用同样的
思路。

按下键盘右键，科哇的方位移动

当按下右键时，科哇向右移动，面向 90°方向。

设定触发事件。在"事件"类积木中点击 当按下 空格▾ 键 ，拖到脚本区，在下拉选项中选择"→"。

向右移动时，x坐标的数值是逐渐增大的。在"运动"类积木中点击 将x坐标增加 10 ，拖动并拼接在按下右键积木下方。

当科哇向右移动时，它应该面向右方。在"运动"类积木中点击 面向 90 方向 ，拖拽到脚本区，拼接在上一积木的下方。

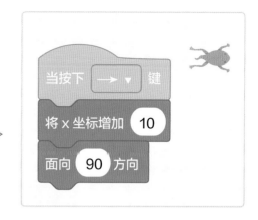

按下键盘左键、上键、下键，科哇的方位移动

当按下"←"时，科哇向左移动，将x坐标增加 -10，面向 -90° 方向。

当按下"↑"时，科哇向上移动，将y坐标增加 10，面向 0° 方向。

当按下"↓"时，科哇向下移动，将y坐标增加 -10，面向 180° 方向。

最后，形成的完整代码如下图。 ▽

科哇吃掉能量花

【想一想】

（1）如何实现科哇"吃掉"能量花的效果呢？

科哇碰到能量花之后，能量花要"消失"。哪个积木可以实现这个效果呢？试试 隐藏 积木怎么样？

（2）如何知道科哇"吃光"了所有的能量花呢？

我们要累计吃掉的数量，这样才能判断科哇是否吃光了所有的能量花。

要想实现这个效果，需要用到"变量"。变量是用来记录得分的，每吃掉一朵能量花得 1 分。

（3）"吃掉消失"和"记录数量"，是由科哇还是能量花来完成呢？

科哇、能量花实现都可以。但是，如果将这些动作赋予科哇，我们就需要判断究竟是哪个能量花被吃掉并且通知它进行"隐藏"，这里面涉及的多条件判定以及消息机制是我们后续要学习的内容。用能量花作为角色进行效果实现，更容易理解。

建立变量。切换到"代码"选项卡，在"变量"类指令中选择"建立一个变量"按钮。

▽

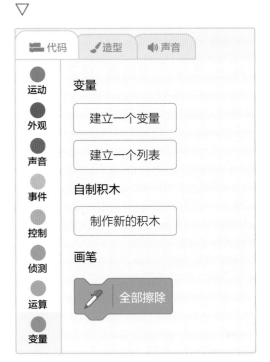

▽ 在弹出的"新建变量"对话框中，输入变量名称为"吃掉能量花数量"，点击"确定"按钮。

【小贴士】

"新建变量"对话框中，"适用于所有角色"会创建一个全局变量，所有角色都可以看到；"仅适用于当前角色"则会创建一个局部变量，仅当前的角色可以看到。这里保持默认选择即可。

在这一步中，我们收集到了第一个"编程秘诀"——变量。

【编程秘诀 1】变量

所谓变量，就是在程序运行过程中，数值可以发生改变的量。

点选角色区的"能量花"角色，在"事件"
类积木中点击 当▶被点击，拖到脚本区。

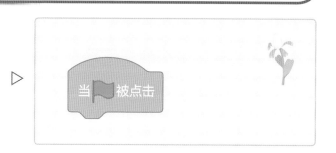

▽ 需要将变量"吃掉能量花数量"的起始值设为 0。在"变量"类积木中点击
将 吃掉能量花数量 设为 0，拖到脚本区拼接好。

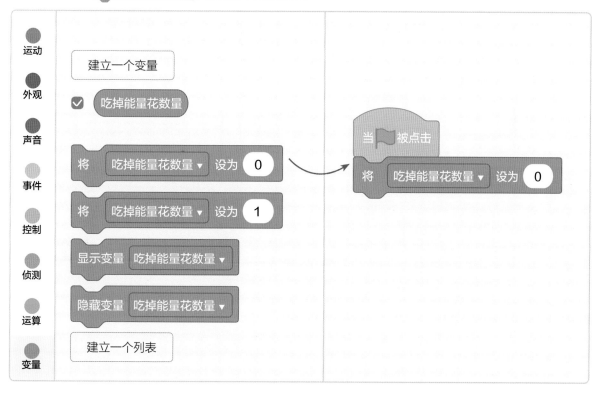

▽ 接下来要用到重复执行和条件判断。如果能量花碰到了科哇，就要隐藏起来，并且变量"吃掉能量花数量"加 1。在"控制"类积木中点击并拖动 重复执行 与 如果 那么 到脚本区拼接好。

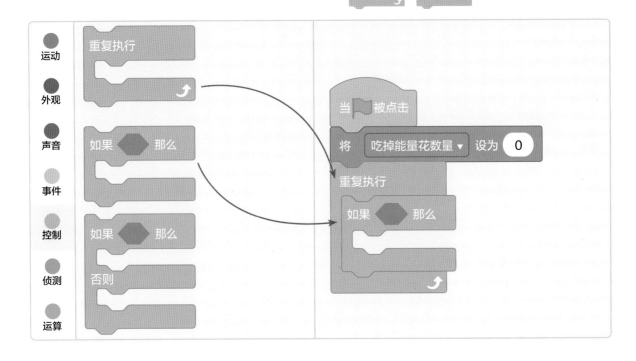

▽ 在"侦测"类积木中点击 碰到 鼠标指针▾ ?，拖到脚本区拼接好，把角色改为"尾巴变短的科哇"。

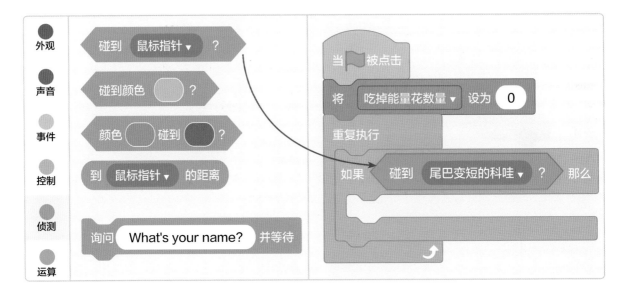

▽   在"变量"类积木中点击 ，拖到脚本区拼接好。

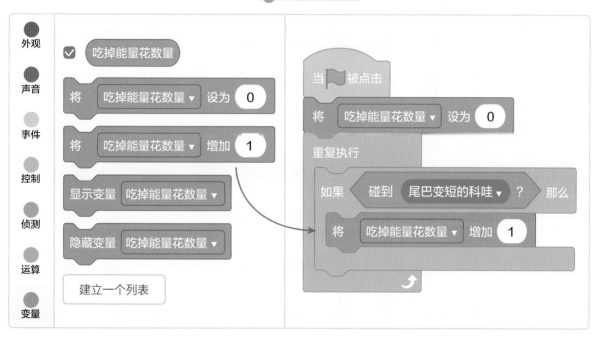

▽   能量花的"消失"可以用隐藏积木来实现。在"外观"类积木中点击隐藏，拖到脚本区拼接好。

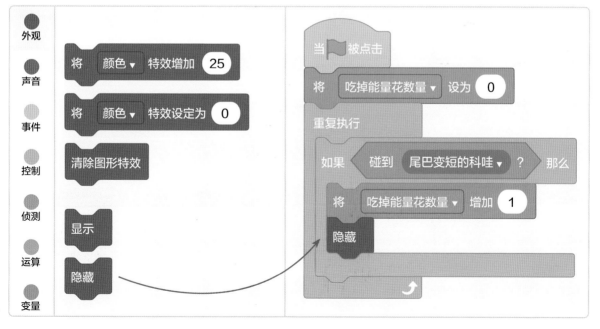

在这里，我们收集到了第二个"编程秘诀"——变量的赋值与修改。

【编程秘诀 2】变量的赋值与修改

我们可以给变量设定一个值，也可以在执行的过程中，根据一定的逻辑修改它的数值。这就是赋值与修改。

在 Scratch 中，可以通过 `将 吃掉能量花数量 ▼ 设为 0` 实现变量赋值，通过 `将 吃掉能量花数量 ▼ 增加 1` 实现变量值的修改。

其他能量花的实现过程

科哇一共要吃掉四朵能量花，其他能量花的实现过程和前面的过程相同。我们可以利用角色的复制完成。

在角色区，点选"能量花"角色，点击鼠标右键，弹出一个包含三个选项的菜单。

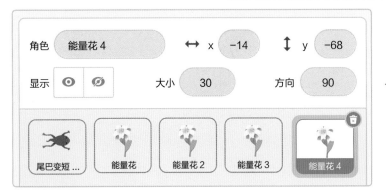

选择"复制"命令，就可以实现"能量花"角色的复制了。进行三次操作，一共获得四朵能量花。点击到"代码"选项卡看看，刚刚的积木都有吧？我们在复制能量花的同时，也复制了它具有的所有积木。

【情节3】科哇吃光了所有的能量花，说："我有足够的能量啦！"

科哇吃完了最后一朵能量花时，也就是当变量为 4 时，科哇开心地宣告自己有足够的能量。

点选角色区的"尾巴变短的科哇"角
色，在"事件"类积木中点击 [当▶被点击]，拖
到脚本区。 ▷

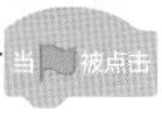

▽ 在"控制"类积木中点击并拖动 [重复执行] 与 [如果◆那么] 到脚本区拼接好。

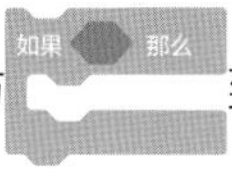

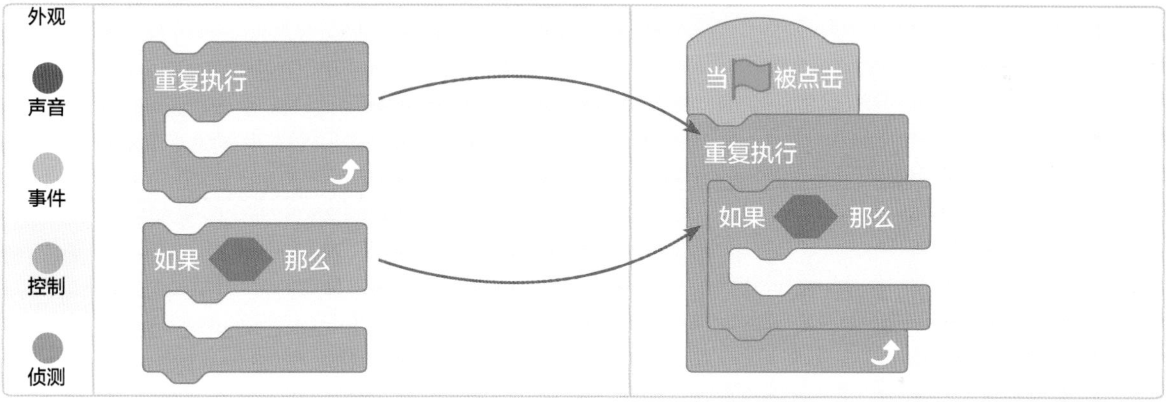

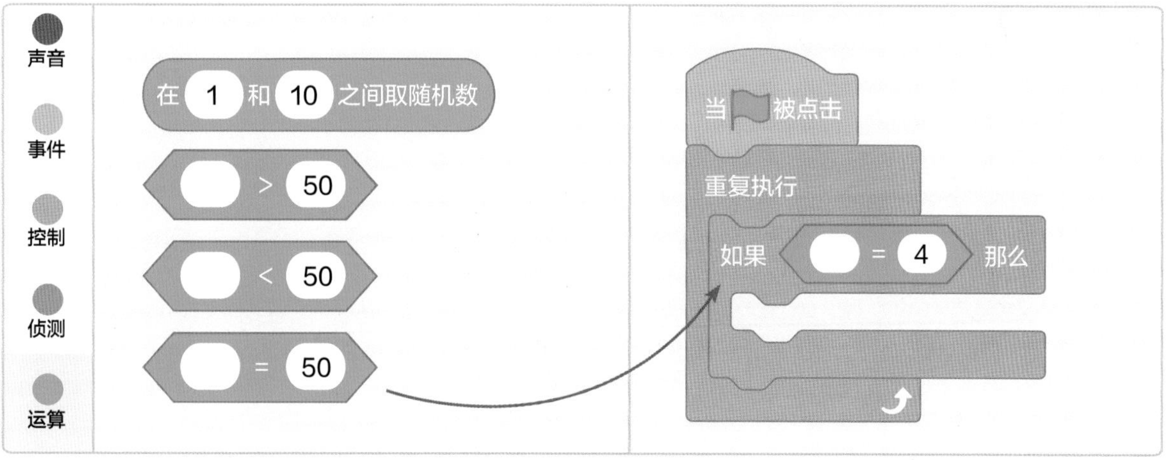

△ 在"运算"类积木中点击 [◯ = 50]，拖到脚本区拼接好，把数值改为 4。

▽ 在"变量"类积木中点击 吃掉能量花数量 ，拖到脚本区拼接好。

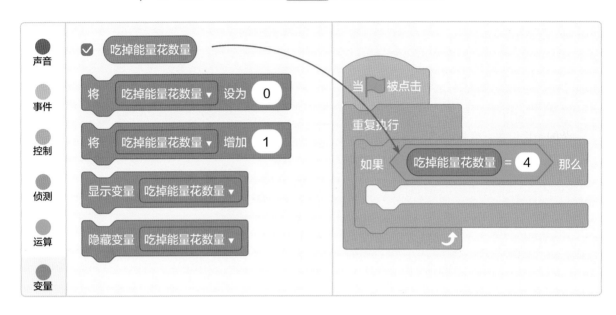

在"外观"类积木中点击 说 你好! 2 秒 ，拖到脚本区拼接好，将文字修改为"我有足够的能量啦！"

在这里，我们收集到了第三个"编程秘诀"——变量运算与条件判断。

 【编程秘诀 3】变量运算与条件判断

在 Scratch 中，我们可以将变量运算作为 积木的条件部分，从而实现更为复杂的条件设置。变量的运算积木可以实现 > 、 < 、 = 、与、或、不成立等情况的比较。

♛ 运行与优化

1 程序运行试试看

打开程序，让科哇游动起来，开始一朵一朵地吃掉能量花吧！

（1）点击▶按钮，启动游戏，科哇跃跃欲试摆动身体，四朵能量花一会儿绽放一会儿闭合。

（2）通过操控键盘上的四个方向键，操控科哇的行动，帮助科哇吃掉能量花，变量"吃掉能量花数量"随之增加。

（3）科哇把四朵能量花都吃掉，开心地感叹自己有了足够的能量。

2 作品优化与调试

科哇吃光了四朵能量花后，即便重新启动程序，四朵能量花依然没有显示出来。我们无法重复玩这个游戏，这是为什么呢？

这是因为我们没有设置能量花的初始状态，它们自然不会恢复到初始状态了。

分别点选角色区的四朵能量花，在"外观"类积木中点击 显示 ，拖到脚本区拼接好。这样，每当程序重新启动，能量花就会显示出来了。

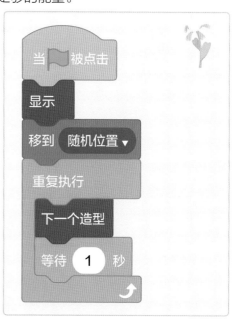

试试看，当你点击▶按钮，一切又都重新开始啦！

【小贴士】

小朋友不要忘记能量花 2、能量花 3、能量花 4 也都需要增加 显示
积木。分别在角色区点击它们后，增加这个秘密武器吧。

3 让保存成为习惯

不要忘记保存哟！每当你查看自己的专属文件夹，一定能感受到满满的成就感！

点击"文件"菜单，选择"保存到电脑"命令。找到你的专属文件夹，对文件进行命名，点击"保存"按钮。

现在，恭喜你又完成了一个小程序！更要祝贺你初步感知并应用了 Scratch 的重要技能——变量！

🐾 思维导图大盘点

小朋友，在这次编程任务中，你学会了 Scratch 的哪些新积木？又掌握了哪些诀窍呢？让我们画一画思维导图吧。

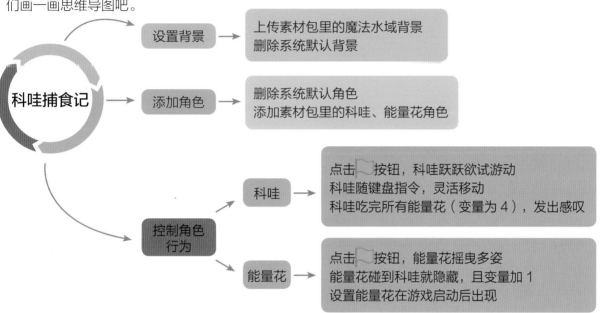

科哇捕食记

设置背景 → 上传素材包里的魔法水域背景
删除系统默认背景

添加角色 → 删除系统默认角色
添加素材包里的科哇、能量花角色

控制角色行为

科哇 → 点击 🏳 按钮，科哇跃跃欲试游动
科哇随键盘指令，灵活移动
科哇吃完所有能量花（变量为 4），发出感叹

能量花 → 点击 🏳 按钮，能量花摇曳多姿
能量花碰到科哇就隐藏，且变量加 1
设置能量花在游戏启动后出现

🐾 挑战新任务

在本次任务中，我们学习了一个全新的概念——变量。现在，让我们根据所学内容，运用 Scratch 系统自带的素材，设计一个"长颈鹿吃苹果"的程序吧。

我们的目标是：长颈鹿可以根据键盘上的四个方向键进行移动，在吃光画面中的所有苹果之后，长颈鹿说"我吃饱啦"。

仔细想一想，在这个程序中，如何应用"变量"呢？

在 Scratch 的角色区，点击"选择一个角色"图标。打开默认角色库，点击选择"苹果"角色和"长颈鹿"角色。另外，你还可以布置一个充满自然野趣的背景哟！

接下来就轮到你啦！我们应该运用哪些积木，才能控制长颈鹿上下左右移动，一个一个吃掉苹果，并准确记录吃掉的苹果个数呢？

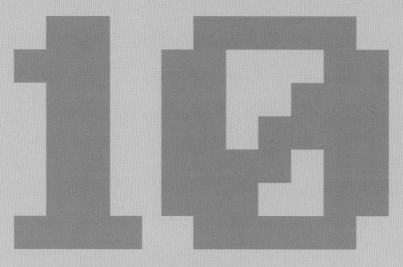

谜底大揭秘

解锁新技能

🔓 角色之间的信息传递与行为协同

🔓 发布特定的信息

🔓 接收信息并回应消息

科哇吃光了全部的能量花，它觉得自己的身体正在发生微妙的变化！有一种力量在它的身体里萌发，似乎有什么东西正在悄然改变……

　　不过，它最关心的事情是：不是说吃了能量花，就能找到妈妈吗？妈妈在哪儿呢？

　　这时，科哇的眼前闪过一片神奇的白光。穿越那迷雾般的光晕，它从魔法水域回到了现实世界。出现在它面前的是一片荷花盛开的池塘。

　　一片荷叶上，蹲着一只绿色的青蛙。它有宽宽的嘴巴、雪白的肚皮，披着碧绿的衣裳，还鼓着一对大眼睛。科哇喜出望外地问："妈妈？你是我的妈妈吗？！"

　　青蛙妈妈笑着说："是的！我的孩子，我是你的妈妈！"

　　这个声音，深深地烙印在科哇的记忆中。正是这个声音，教会了科哇游泳，指引着科哇前进。眼前的这只青蛙，的确就是妈妈！

　　"可是……"科哇好奇地问，"为什么我们长得不一样呢？"

　　青蛙妈妈笑了，说："你低头看看，水中有你自己的倒影。"

　　科哇定睛一看，才发现自己水中自己的样子早已不是小蝌蚪了，它现在和妈妈简直一模一样！

　　原来，能量花给它提供了不可思议的力量，加速了它的成长，已经把它变成了青蛙的模样！

👑 领取任务

历尽千辛万苦，小蝌蚪终于找到了妈妈！这离不开小朋友们的帮忙。要不是你们开动脑筋，编出了一个又一个精彩的小程序，科哇不会这么快就找到妈妈。

不过，科哇还有疑问："妈妈，为什么我小时候的模样跟现在完全不一样？"青蛙妈妈温柔地说："就让我来告诉你，你是如何从一只蝌蚪长成青蛙的吧！"

让我们跟随青蛙妈妈的讲述，去了解青蛙的成长过程吧。在这个过程中，我们也将解锁消息广播机制相关内容，学会如何广播消息、接收消息。

现在就让我们用编程魔法来展现小青蛙的成长过程吧！

👑 一步一步学编程

1 做好准备工作

这是本册我们要完成的最后一次编程之旅，让我们好好进行准备工作吧！

资源下载

这个游戏需要的素材包括美丽的池塘、青蛙妈妈，以及不同成长阶段的科哇图片，这些素材都在本书附带的下载资源"案例10"文件夹中。

其中"1-10 案例素材"文件夹存放的是编写程序过程中用到的素材；"1-10 拓展素材"文件夹存放的是"挑战新任务"的参考材料；"1-10 谜底大揭秘 .sb3"是工程文件。

新建项目

如果 Scratch 编辑器刚被启动，它已经为你默认分配了空间，那么我们可以忽略这一步。但如果你刚刚用 Scratch 编写了其他程序，记得先保存好当前的项目，然后点击 Scratch 编辑器中的"文件"菜单，选择"新作品"命令。

删除默认角色

在角色区选中"角色1"小猫咪，点击右上角的  按钮。▷

现在，全部的准备工作都已经完成啦！快让我们完成本书的最后一个程序吧！

☐ 添加背景与角色

本次故事发生在美丽的池塘，而角色是青蛙母子，以及处于不同成长阶段的科哇。

添加舞台背景

首先，我们要把空白的舞台替换成美丽的池塘。

在Scratch的背景区，把鼠标指向"选择一个背景"图标，弹出包含四个按钮的菜单，点击"上传背景"按钮。

打开"1-10案例素材"文件夹，选择"背景"图片，点击"打开"按钮，布置好舞台。别忘了删除默认背景。

添加角色

在今天的编程任务中，我们需要的角色比较多，不仅有青蛙母子，还有各个成长阶段的科哇。

在Scratch的角色区，把鼠标指向"选择一个角色"图标，弹出包含四个按钮的菜单，点击"上传角色"按钮。

▷

打开"1-10案例素材"文件夹，依次选择"科哇幼卵.sprite3""小蝌蚪科哇.sprite3""长出后腿的科哇.sprite3""长出四肢的科哇.sprite3""尾巴变短的科哇.sprite3""科哇.sprite3"和"青蛙妈妈.sprite3"，添加所需要的全部角色。

【小贴士】

在添加的角色中,"小蝌蚪科哇.sprite3""长出后腿的科哇.sprite3""长出四肢的科哇.sprite3""尾巴变短的科哇.sprite3"已经带有游动的代码了哟。

把角色都添加进舞台之后,小朋友们可以根据实际情况来调整角色的大小。

为了故事情节需要,我们将青蛙妈妈和小青蛙科哇分别放置到荷叶上,小朋友可以根据情况调整位置并记录好坐标。

本例中,青蛙妈妈的坐标为:x=179,y=112;小青蛙科哇的坐标为:x=-127,y=98。

3 设计与实现

我们已经把池塘设置为舞台,也请来了科哇、青蛙妈妈以及不同成长阶段的科哇。现在需要Scratch施展编程魔法,帮助青蛙妈妈展示科哇的成长过程了。可是如何连续展示科哇的不同成长阶段呢?这就需要一定的逻辑思维啦。

【故事逻辑和情节分析】

青蛙妈妈将科哇的成长过程分成了六个阶段来讲述。

✿【情节1】第一阶段:讲述科哇幼卵。此时,科哇幼卵从左向右移动。

✿【情节2】第二阶段:讲述小蝌蚪科哇。此时,小蝌蚪科哇从右向左移动。

✿【情节3】第三阶段:讲述长出后腿的科哇。此时,长出后腿的科哇从左向右移动。

✿【情节4】第四阶段:讲述长出四肢的科哇。此时,长出四肢的科哇从右向左移动。

✿【情节5】第五阶段:讲述尾巴变短的科哇。此时,尾巴变短的科哇从左向右移动。

✿【情节6】第六阶段:讲述变成小青蛙的科哇。此时,科哇与妈妈对话。

我们发现，各个成长阶段的科哇，是伴随着青蛙妈妈的讲述，像走马灯一样轮番登场的。它们的出场顺序、出场时间、退场方式，都受到了统一的调度。在这么多的角色之间建立连接，让它们彼此配合，就需要用到 Scratch "事件"类指令卜关于消息广播的积木。 ▷

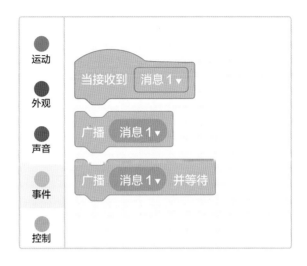

这也是我们今天收集到的第一个"编程秘诀"——消息广播机制。

【编程秘诀 1】消息广播机制

消息广播机制是不同角色之间、场景和角色之间传递指令的一种方式，通过消息广播机制可以更好地实现程序的互动性。消息可以"一对一"传播，也可以"一对多传播"。消息有广播者（发送端），也有接收者（接收端）。只有接收者和广播者的消息一致，Scratch 才会执行后面的程序。

【情节 1】第一阶段：讲述科哇幼卵。此时，科哇幼卵移动。

程序开始。青蛙妈妈登场，并且广播消息"科哇幼卵"。

◁ 设置激活事件。点选角色区的"青蛙妈妈"角色，在"事件"类积木中点击 当 被点击 ，拖到脚本区。

设置青蛙妈妈出现的初始位置。还记得我们刚刚将青蛙妈妈安置到荷叶上方的坐标吗？在"运动"类积木中点击 移到 x: 0 y: 0 拖到脚本区拼接好，将坐标值修改为：x=179，y=112。

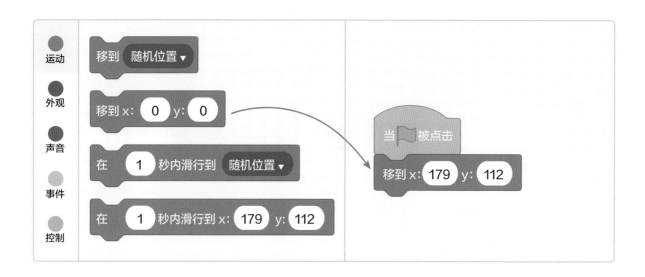

青蛙妈妈发布广播，讲述有关"科哇幼卵"的信息。在"事件"类积木中点击 广播 消息1▼ ，拖到脚本区拼接好，点击"消息 1"，从下拉选项中选择"新消息"。

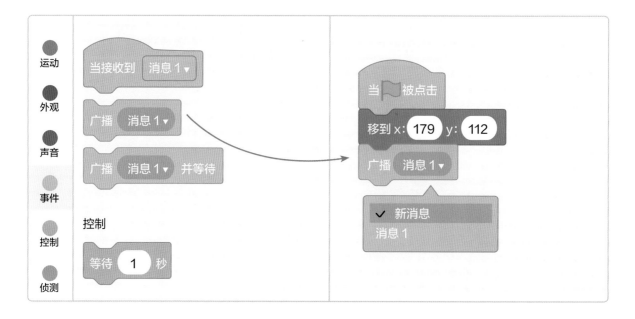

▽ 在弹出的对话框中，输入"科哇幼卵"，点击"确定"按钮。

▽ 实现青蛙妈妈与科哇幼卵之间的通讯。

在这里，我们收集到了今天的第二个"编程秘诀"——广播消息。

【编程秘诀 2】广播消息

在 Scratch 中，通过 广播 消息1▾ 和 广播 消息1▾ 并等待 广播指定名称的消息。后者将等待消息被接收后再执行后续的积木。

青蛙妈妈接收"科哇幼卵"消息，讲述"幼卵"阶段的故事。

青蛙妈妈在对"科哇幼卵"发出广播的同时，开始讲述科哇第一成长阶段的故事。所以，青蛙妈妈既是广播者（发送端），也是一个接收者（接收端）。当它接收到"科哇幼卵"的消息时，也要做出相应的动作。

▷ 在"事件"类积木中点击 当接收到 消息1▾ ，拖到脚本区，将消息名称选择为"科哇幼卵"。

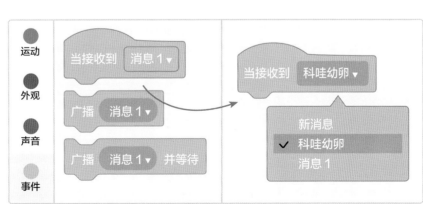

在这一步中，我们收集到了第三个"编程秘诀"——接收消息。

【编程秘诀 3】接收消息

角色接收到广播信息，然后根据程序的指令，做出相应的反应。在 Scratch 中，通过 `当接收到 消息1▼` 接收消息并执行后续行为。

青蛙妈妈开始讲述科哇幼卵的事。

在"外观"类积木中点击 `说 你好! 2 秒`，拖到脚本区拼接好，把文字改为"你刚出生的时候，是一颗很小很小的卵！"，修改时间为 4 秒。

科哇幼卵接收"科哇幼卵"消息，开始从左向右游动，并发送"小蝌蚪消息"。

科哇幼卵作为一个接收者（接收端），当然要接收"科哇幼卵"消息，并且做出反应啦！

在角色区点选"科哇幼卵"角色，然后在"事件"类积木中点击 `当接收到 科哇幼卵▼`，拖到脚本区。

▽ 首先，科哇幼卵要现身才行。在"外观"类积木中点击 `显示`，拖到脚本区拼接好。

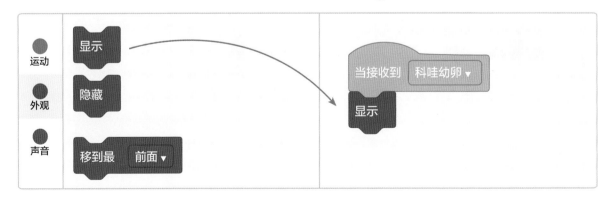

然后设置科哇幼卵出现的初始位置。在"运动"类积木中点击并拖动 移到x: 0 y: 0 到脚本区拼接好，本例中设置的坐标为：x=-239，y=-44。这个位置在屏幕左侧。小朋友们也可以根据自己的喜好，自行设定位置哟！

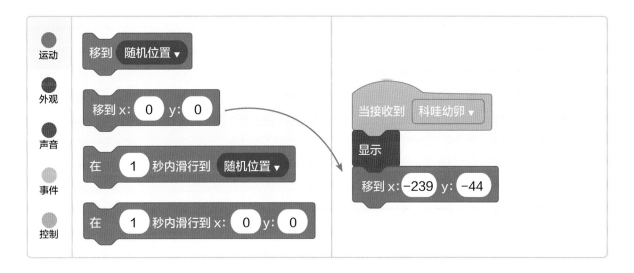

科哇幼卵开始游动。在"运动"类积木中点击并拖动 在 1 秒内滑行到x: 0 y: 0 到脚本区拼接好，把数值改为：时间为5秒，x=239，y=-35。这样科哇幼卵就能在5秒内游过舞台到另一侧边缘。

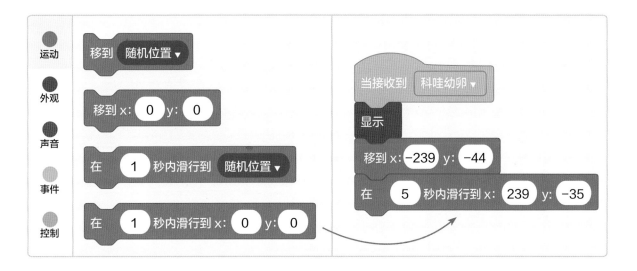

科哇幼卵结束了展示，要"退场"了。通过之前的学习，当我们想让一个角色"消失"，可以给它披上"隐身衣"。

▽ 在"外观"类积木中点击隐藏，拖到脚本区拼接好，这样它就消失了。

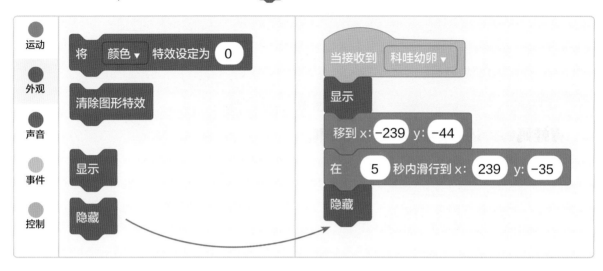

科哇幼卵退场了，就意味着下一阶段的科哇该登场了！所以，虽然科哇幼卵已经看不见了，但是它还肩负着广播消息的重任！它要负责"通知"小蝌蚪："该你登场了哟！"还要告诉青蛙妈妈："该进入下一个阶段了哟！"

参照之前向科哇幼卵发布广播的步骤，我们让科哇幼卵来给相关的角色发个"通知"吧！

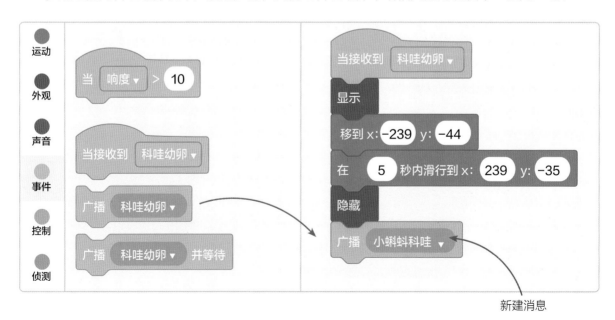

新建消息

【情节 2】第二阶段：讲述小蝌蚪科哇。此时，小蝌蚪科哇移动。

青蛙妈妈讲述"蝌蚪"阶段的故事。

青蛙妈妈接收到科哇幼卵的"通知"，开始讲述第二个成长阶段的故事。参照之前的步骤，我们在角色区点选角色"青蛙妈妈"，在"事件"类积木中点击，拖到脚本区。

青蛙妈妈开始讲述蝌蚪阶段的故事。在"外观"类积木中点击 说 你好! 2 秒，拖到脚本区，把文字改为"用不了多久，你就长出了尾巴，能像小鱼一样游泳了！"，然后修改时间为 4 秒。

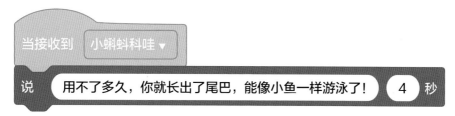

小蝌蚪接收消息，从右向左移动穿过屏幕，发送下一阶段"长出后腿的科哇"的消息。

【想一想】

（1）小蝌蚪什么时候移动？

移动时间：小蝌蚪是在接收到"小蝌蚪科哇"消息时进行移动。

（2）什么时候发送下一阶段成长消息？

发送消息时间：小蝌蚪移动到舞台左侧的边缘，把下一成长阶段的消息发送给"青蛙妈妈"和"长出后腿的科哇"。

小蝌蚪科哇同样接收到了"小蝌蚪科哇"的消息，要准备登场了哟！点选角色区的"小蝌蚪科哇"角色，在"事件"类积木中点击 当接收到 小蝌蚪科哇▾ ，拖到脚本区。

▽

先让小蝌蚪出现！在"外观"类积木中拖动 显示 到脚本区，拼接在 当接收到 小蝌蚪科哇▾ 下面。

再设置小蝌蚪的初始位置。从屏幕右侧指定位置出现。在"运动"类积木中拖动 移到 x: 0 y: 0 到脚本区拼接好，将坐标修改为 x=239，y=-27。

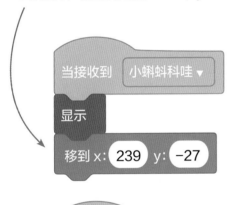

然后让小蝌蚪穿越舞台，到达左侧边缘。在"运动"类积木中拖动 在 1 秒内滑行到 x: 0 y: 0 到脚本区拼接好，修改时间为 5 秒，修改坐标为 x=-239，y=-30。

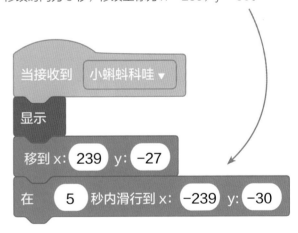

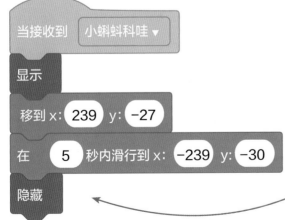

跟"科哇幼卵"一样，小蝌蚪到达舞台的边缘之后，就"退场"了，也就是隐藏起来。在"外观"类积木中点击 隐藏 ，拖到脚本区拼接好。

虽然小蝌蚪退场了，但是它还要负责给相关角色发布消息，只有这样，才能激活下一成长阶段的情节。在"事件"类积木中点击 广播 小蝌蚪科哇 ▼ ，拖到脚本区拼接好，点击三角形选择"新消息"，将其命名为"长出后腿的科哇"，完成消息广播。

【情节3】第三阶段：讲述长出后腿的科哇。此时，长出后腿的科哇移动。

通过设计实现前面的两段情节，相信小朋友已经掌握了诀窍。这里直接给出答案。

青蛙妈妈讲述"长出后腿"阶段的故事。

点选角色区的"青蛙妈妈"角色，参照【情节2】完成积木拼接。

长出后腿的科哇从左向右移动，并发送下一阶段"长出四肢的科哇"的消息。

由于"长出后腿的科哇"和"科哇幼卵"一样，都是从左向右游过屏幕，我们可以将其出发点和终点设定为和"科哇幼卵"一致。

点选角色区中的"长出后腿的科哇"角色，注意修改角色的初始位置及消失位置，并且发布下一阶段的广播："长出四肢的科哇"。

【小贴士】

　　"长出后腿的科哇"和"科哇幼卵"需要的这段代码，只有接收第一个接收消息积木和最后一个广播消息积木是不同的，其他都相同。除了一个一个地拼接外，你还有什么好办法？

　　可以在角色"科哇幼卵"的代码中点击相似的这组积木，然后将其拖到角色区"长出后腿的科哇"图标位置，然后再修改第一个和最后一个积木就可以了。这样是不是高效得多？

科哇幼卵中，积木组的原来位置

把脚本区"科哇幼卵"的积木组合直接拖到角色区"长出后腿的科哇"角色图标位置。拖动成功时，"长出后腿的科哇"角色图标会晃动一下哟！

【情节4】第四阶段：讲述长出四肢的科哇。此时，长出四肢的科哇移动。

青蛙妈妈讲述"长出四肢的科哇"阶段的故事。

点选角色区的"青蛙妈妈"角色，参照【情节2】完成积小拼接。

长出四肢的科哇从右向左移动穿越屏幕，并发送下一阶段"尾巴变短的科哇"的消息。

由于"长出四肢的科哇"和"小蝌蚪科哇"一样，都是从右向左游过屏幕，我们可以将其出发点和终点设定为和"小蝌蚪科哇"一致。

点选角色区的"长出四肢的科哇"角色，修改角色的初始位置和消失位置，最后发布广播："尾巴变短的科哇"。

【情节5】第五阶段：讲述尾巴变短的科哇。此时，尾巴变短的科哇移动。

青蛙妈妈讲述"尾巴变短的科哇"的故事。

▽ 点选角色区的"青蛙妈妈"角色，参照【情节2】完成积木拼接。

尾巴变短的科哇从左向右移动穿越屏幕，并发送小青蛙阶段的消息。

由于"尾巴变短的科哇""长出后腿的科哇"和"科哇幼卵"一样，都是从左向右游过屏幕，我们可以将其出发点和终点设定为一致。

点选角色区的"尾巴变短的科哇"角色，修改角色的初始位置和消失位置，最后发布广播："科哇"。 ▷

【情节6】第六阶段：讲述变成小青蛙的科哇。此时，科哇与妈妈对话。

在最后阶段，科哇并没有像之前一样穿越屏幕，而是跟青蛙妈妈展开了一段对话。

点选角色区的"科哇"角色，在"事件"类积木中点击 当接收到 科哇▼ ，拖到脚本区。

在"外观"类积木中点击 显示 ，拖到脚本区拼接好。

在"外观"类积木中点击 说 你好! ，拖到脚本区拼接好，把文本框里的文字修改为"原来，我已经长得和妈妈一样啦。"

🏆 运行与优化

1 程序运行试试看

打开程序，让我们看看小青蛙的成长过程吧！

点击 ▶ 按钮启动游戏，逐步了解从科哇幼卵到小青蛙的变化过程。

（1）阶段 1：科哇妈妈介绍科哇出生时是很小的卵，科哇幼卵显示，并从屏幕左侧游到屏幕右侧。

（2）阶段 2：科哇妈妈介绍科哇长出了尾巴像小鱼，小蝌蚪显示，并从屏幕右侧游到屏幕左侧。

（3）阶段 3：科哇妈妈介绍科哇慢慢长出后腿，长出两条后腿的科哇显示，并从屏幕左侧游到屏幕右侧。

（4）阶段 4：科哇妈妈介绍科哇长出前腿，长出四肢的科哇显示，并从屏幕右侧游到屏幕左侧。

（5）阶段 5：科哇妈妈介绍科哇的尾巴会慢慢缩短，尾巴变短的科哇显示，并从屏幕左侧游到屏幕右侧。

（6）阶段 6：小青蛙科哇感慨和妈妈长得一样。

② 作品优化与调试

【想一想】

当程序运行后，如果我们点击 ⬤ 按钮停止程序，之后再点击 🚩 按钮重新启动程序，我们发现舞台上的角色没有消失。要怎样做，才能在程序重新启动时，一切都重新开始呢？

这里依然要用到神奇的"隐身衣"。当点击 🚩 按钮后，我们运用 隐藏 积木，把除了青蛙妈妈和小青蛙科哇以外的角色全部隐藏，就能在视觉上实现"重新开始"的效果。

分别选择科哇幼卵、小蝌蚪科哇、长出后腿的科哇、长出四肢的科哇、尾巴变短的科哇五个角色，在各个角色的脚本区内添加 当 🚩 被点击 和 隐藏，就实现了当程序启动时，对应的角色消失。

▷

再次提醒小朋友，一定要为上述五个角色都增加这段代码哟。

编程任务进行到这里，我们已经完成了全部的代码。

③ 让保存成为习惯

编程完成后，别忘了及时保存！

点击"文件"菜单，选择"保存到电脑"命令。找到你的专属文件夹，对文件进行命名，点击"保存"按钮。

小朋友，祝贺你完成了本书的所有程序！为你持之以恒的精神点赞，希望你能够创造出更多有趣的程序哟！

♛ 思维导图大盘点

本次任务中，我们学会了运用"消息广播"，它虽然看起来复杂，但其实应用到的新积木并不多。这次咱们不再回顾如何设置背景和添加角色，通过思维导图的形式回顾一下实现逻辑吧。

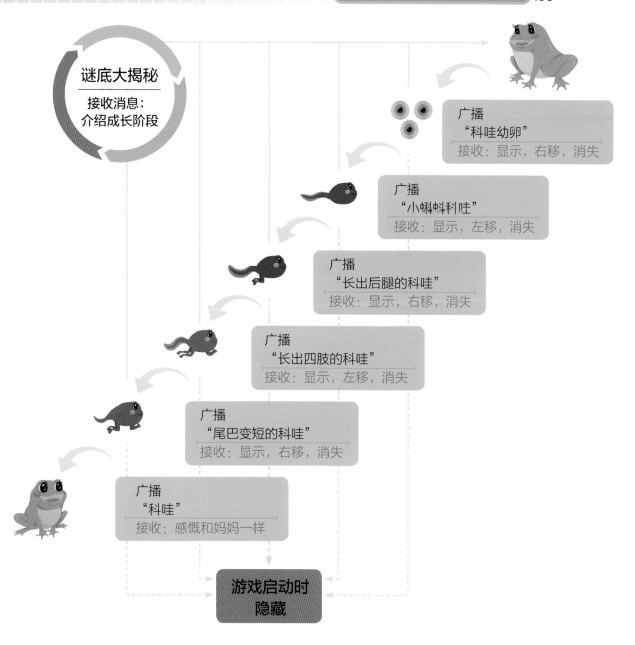

谜底大揭秘

接收消息：
介绍成长阶段

广播
"科哇幼卵"
接收：显示，右移，消失

广播
"小蝌蚪科哇"
接收：显示，左移，消失

广播
"长出后腿的科哇"
接收：显示，右移，消失

广播
"长出四肢的科哇"
接收：显示，左移，消失

广播
"尾巴变短的科哇"
接收：显示，右移，消失

广播
"科哇"
接收：感慨和妈妈一样

游戏启动时
隐藏

挑战新任务

现在，让我们运用 Scratch 系统自带的素材，设计一个"猫咪吃什么"的程序吧。

我们的目标是：通过广播消息和接收消息，让猫咪向我们介绍它喜欢的几种食物。怎样才能达成任务目标呢？结合前面所学的知识，试一试吧！

附录 1 安装 Scratch

小朋友，Scratch 是由美国麻省理工学院（MIT）专门为少儿设计开发的编程工具。有两种方法可以获得 Scratch 编程环境。

第一种方法是使用网页版。在浏览器输入网址 https://scratch.mit.edu/projects/editor/，进入网页后可直接编程。

第二种方法是安装客户端。在网页 https://scratch.mit.edu/download 下载 Scratch 电脑客户端，安装在自己的电脑中。

小朋友，咱们一起来详细了解如何利用第二种方法邀请 Scratch "住" 进我们的电脑吧！

（1）进入下载页面后，点击 **Direct download** 。▽

（2）弹出 "新建下载任务" 对话框，点击 "下载" 按钮。▽

（3）稍等片刻，在桌面上看到这样的图标就是我们的安装文件啦！▷

Scratch Desktop Setup 3.6.0

（4）双击 Scratch 安装文件，打开安装软件对话框，点击 "安装" 按钮。▷

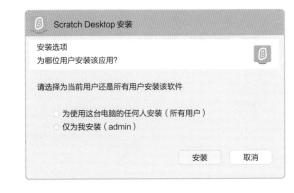

（5）Scratch 进入安装状态，静静等待自动安装。 ▽

（6）弹出正在完成安装提示后，点击"完成"按钮。 ▽

（7）安装完成后，就进入 Scratch 编程环境啦! ▽

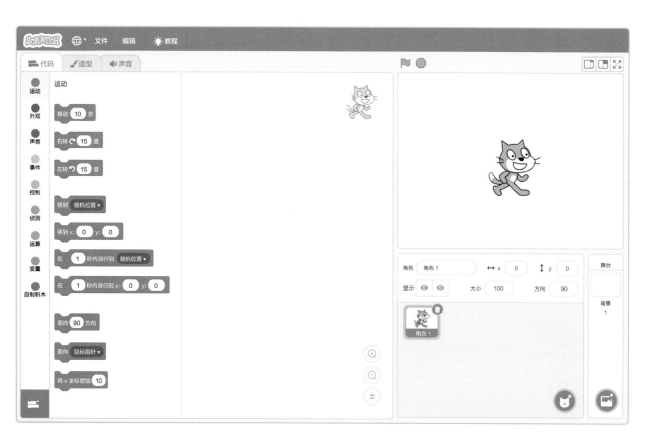

附录 2 Scratch 编程环境简介

Scratch 编程环境根据不同功能划分为六个区域。

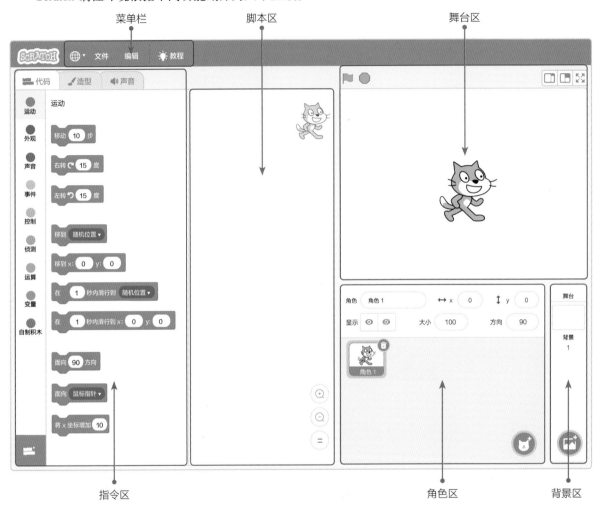

菜单栏　　　　脚本区　　　　舞台区

指令区　　　　角色区　　　　背景区

【小贴士】

　　小朋友，本书的所有案例任务都是用 Scratch3.0 完成的。由于 Scratch 会迭代升级，它的界面会不断更新，图标会不断优化，功能也会不断完善。如果你发现自己用的 Scratch 和本书的不一致，那也没关系，因为变化的只是它的"皮肤"，不变的是它的内在逻辑。相信你一定可以找到所有案例任务的实现方法！

1. 指令区

指令区的上方有三个选项卡。当选中角色时，三个选项卡分别为"代码""造型"和"声音"；当选中背景时，三个选项卡分别为"代码""背景"和"声音"。

"代码"选项卡，包括运动、外观、声音、事件、控制、侦测、运算和变量等类别的指令按钮，点击每个按钮，右侧将切换成该类别下的代码积木。

"背景"选项卡，可以对舞台的背景进行编辑。

选择角色时

选择背景时

"造型"选项卡，可以对角色的造型进行编辑。

"声音"选项卡，可以对角色或者背景的声音进行编辑。

Scratch 还支持自制积木，小朋友可以根据需要自己创建完成指定功能的自制积木呢！

除此之外，Scratch 还提供了很多扩展功能，点击屏幕左下角的 图标，你可以添加更多类别的指令。

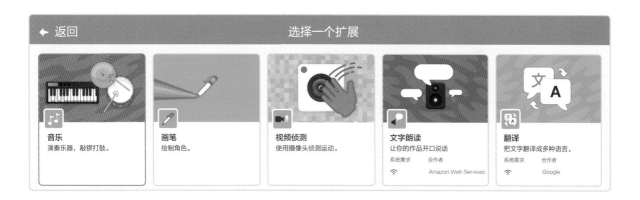

2. 脚本区

脚本区是我们编程的空间，可以在指令区点击并拖动需要的积木到脚本区。拼接在一起的积木能够完成动画、故事效果，或者形成有趣的游戏。

3. 舞台区

舞台区是程序最终运行的场所，所有编程的效果将在舞台区进行展现。舞台区有五个控制按钮。

点击 🚩 按钮，程序启动，所有 当🚩被点击 后面的代码开始执行。

点击 🛑 按钮，程序停止，所有角色停止执行代码。

点击 ▢▢ 按钮，切换 Scratch 环境的布局形式。

点击 ⛶ 按钮，舞台将最大化为全屏模式，这时再点击右上角 ⛶ 按钮可以退出全屏模式。

4. 角色区

角色区包括角色列表和角色属性面板。点击 😺 图标，可以通过不同方式添加角色。角色列表包含了程序所有的角色。点击角色列表中的某个角色，点击右键后可以复制、导出或删除该角色；同时切换到该角色的属性面板，其中包含角色名字、显示效果、位置、大小和方向等属性信息，可以对其进行手动修改。

5. 背景区

背景区实现对舞台背景的管理，Scratch 默认为"背景 1"的空白背景，点击 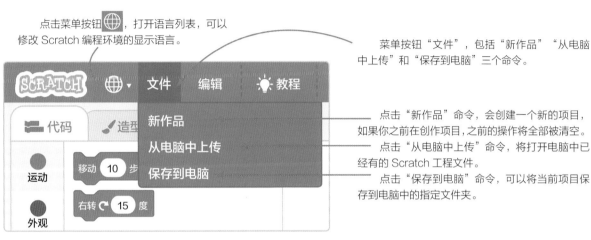 图标，可以通过不同方式添加背景。

6. 菜单栏

菜单栏主要包括四个菜单按钮。

点击菜单按钮 ⊕，打开语言列表，可以修改 Scratch 编程环境的显示语言。

菜单按钮"文件"，包括"新作品""从电脑中上传"和"保存到电脑"三个命令。

点击"新作品"命令，会创建一个新的项目，如果你之前在创作项目，之前的操作将全部被清空。

点击"从电脑中上传"命令，将打开电脑中已经有的 Scratch 工程文件。

点击"保存到电脑"命令，可以将当前项目保存到电脑中的指定文件夹。

菜单按钮"编辑"，包括"恢复"和"打开 / 关闭加速模式"两项。

其中"打开 / 关闭加速模式"是对加速状态的控制。当点击"打开加速模式"时，程序就相当于进入快进状态，执行速度会大大提高。在加速状态下，点击"关闭加速模式"，则结束快进状态。

菜单按钮"教程"，展示了 Scratch 为我们提供的丰富案例库。

附录3 Scratch 常用指令类别简介

舞台和角色都可以调用 Scratch 指令，常见指令有如下八大类：

（1）**"运动"类指令**：只有角色拥有该类指令，可以完成角色的移动、旋转、位置移动等运动行为。常用指令包括 移动 10 步 、右转 ↻ 15 度 、移到 x: 0 y: 0 、面向 90 方向 、面向 鼠标指针 等。

（2）**"外观"类指令**：舞台和角色都具有该类别的指令。舞台的"外观"类指令主要包括舞台背景和特效设置，如 下一个背景 、换成 背景1▼ 背景 等；角色的"外观"类指令可以完成角色的切换造型、思考与文字对话、显示特效、显示层次等。常用指令包括 说 你好! 2 秒 、思考 嗯…… 、换成 造型1▼ 造型 、下一个造型 、将 颜色▼ 特效增加 25 等。

（3）**"声音"类指令**：舞台和角色都具有该类别的指令，舞台或者角色可以播放系统自带或新录制的声音，设定乐器特效和音量。常用指令包括 播放声音 喵▼ 、将 音调▼ 音效增加 10 等。

（4）**"事件"类指令**：舞台和角色都具有该类别的指令，可以设定角色或舞台在某些具体事件发生后执行该事件后的所有积木序列。常用指令包括 当 ⚑ 被点击 、当按下 空格▼ 键 、当角色被点击 、当接收到 消息1▼ 、广播 消息1▼ 等。

（5）**"控制"类指令**：舞台和角色都具有该类别的指令，但是角色比舞台要多拥有克隆类的指令。通过该类指令可以完成等待一定时间、重复执行、条件判断、停止脚本、角色克隆等程序控制。常用指令包括 等待 1 秒 、重复执行 、重复执行 10 次 、如果 那么 等。

（6）**"侦测"类指令**：舞台和角色都具有该类别的指令，但是角色比舞台要多拥有颜色与角色侦测的指令。通过该类指令可以完成颜色侦测判定、角色侦测判定、键盘或鼠标操作监测判定、传回位置值、询问信息并保存等功能。常用指令包括 碰到 鼠标指针▼ ? 、碰到颜色 ? 、询问 what's your name? 并等待 、回答 等。

（7）**"运算"类指令**：舞台和角色都具有该类别的指令，可以进行四则运算、随机数生成、数值比较、逻辑运算、字符连接、取余数、四舍五入和绝对值运算。常用指令包括 ○ + ○ 、○ = 50 、○ 与 ○ 、在 1 和 10 之间取随机数 、连接 apple 和 banana 等。

（8）**"变量"类指令**：Scratch 默认设定了"我的变量"，还可以根据程序需要增加新的变量。"变量"类指令可以对变量进行值的设定、值的变化设定、在舞台显示与隐藏。常用指令包括 将 我的变量▼ 设为 0 、将 我的变量▼ 增加 1 等。